太行名郡·园林生活

FAMOUS CITY OF TAIHANG · LIFE WITH GARDENS

河北省第三届（邢台）园林博览会规划设计

THE PLANNING AND DESIGN OF THE 3RD (XINGTAI) GARDEN EXPO OF HEBEI PROVINCE

《太行名郡·园林生活：河北省第三届（邢台）园林博览会规划设计》编委会 编

中国林业出版社

·北 京·

图书在版编目（CIP）数据

太行名郡·园林生活：河北省第三届（邢台）园林博览会规划设计 /《太行名郡·园林生活：河北省第三届（邢台）园林博览会规划设计》编委会编. -- 北京：中国林业出版社, 2020.8

ISBN 978-7-5219-0745-2

Ⅰ. ①太· Ⅱ. ①太· Ⅲ. ①园林设计－作品集－中国－现代 Ⅳ. ①TU986.2

中国版本图书馆CIP数据核字(2020)第158159号

《太行名郡·园林生活—河北省第三届（邢台）园林博览会规划设计》编委会

名誉主任： 康彦民　董晓宇
主　　任： 李贤明　张志峰
副 主 任： 朱卫荣　王　哲　郑占峰　王文龙　岳　晓
成　　员： 郭卫兵　梁　勇　王　跃　聂庆娟　朱新宇　王　旭　杨　凌

主　　编： 贺风春　郑占峰
副 主 编： 潘亦佳　沈贤成　王　哲
编写人员： 汪　玥　杨家康　潘　静　刘仰峰　钱海峰　蒋　毅　周思瑶　冯美玲　周安忆　韩晓瑾　殷　新　刘亚飞　蒋书渊　杨　明　邵培云　史　悦　陆　敏　唐昕铭　陈　洁　常　红　贺智瑶　宋睿一　冯宇洲　宋春锋　肖　巾　徐　吉　徐昕佳　陈盈玉　余　炻　许　婕　张翀昊　张心韦　高怡嘉　郭卫兵　王新炎　孙雅媚　王清波　赵　雪　程　坚　段海康　刁习羽　刘　东　周　飞　郑红玉　杨伟刚　郝彬彬　尹　娜　张延辉　毛延青　董建云　王丽宾　胡瑞飞
视觉总监： 张晓鸣

文字编辑： 贠　涵　李　娜　王岚岚　许　倩　王玉瑛　张　贵　李　清　崔京荣
美术编辑： 王　婷　刘　洋
策划执行： 北京山水风景科技发展有限公司

中国林业出版社·建筑家居分社
责任编辑：李　顺　王思源

出版：中国林业出版社（100009 北京西城区刘海胡同7号）
网站：http://www.forestry.gov.cn/lycb.html
印刷：北京博海升彩色印刷有限公司
发行：中国林业出版社
电话：（010）8314 3573
版次：2020年9月第1版
印次：2020年9月第1次
开本：1/16
印张：10.5
字数：200千字
定价：298.00元

河北省第三届（邢台）园林博览会

The Third (Xingtai) Garden Exposition of Hebei Province

太行名郡 · 园林生活

目录

河北省第三届(邢台)园林博览会

THE 3RD (XINGTAI) GARDEN EXPO OF HEBEI PROVINCE

河北省园林博览会是全省风景园林、绿地建设领域最高水平的综合性展会，是新理念、新技术、新工艺、新材料集结的标志性项目。拥有 3500 年建城史的邢台，是中国园林的发源地之一。邢台市举办省第三届园博会作为全面贯彻落实习近平生态文明思想，坚定不移走生态优先、绿色发展之路的重要契机和实践抓手。本次借助建设园博园举办园博会之机，邢台市将进一步优化城市格局，提升城市功能，推动公园城市的建设进程，凸显邢台在京津冀城市群中的城市特色，增强城市在未来竞争中的软实力。

本届园博会由河北省住房和城乡建设厅主办，邢台市人民政府承办。于 2019 年 8 月 28 日开幕，11 月 28 日闭幕。园博园选址在邢东矿采煤塌陷区，临近 107 国道和京港澳高速铁路，即中央生态公园区域。规划设计面积约 300hm^2，其中，水系面积约占 1/3，建筑总占地面积约 9.1 万 m^2。总投资约 36 亿元。

本届园博会以“太行名郡 · 园林生活”为主题，秉承生态环保、文化传承、创新引领、永续利用的原则，依托邢台厚重的历史文化和太行山优美的自然资源，打造生态园博、文化园博、创新园博以及民生园博。

园博园及展馆选聘苏州园林设计院、北京林业大学等单位的知名专家进行规划设计。园区整体规划以“一核、两岸、五区、多园”为空间构架，以“城市绿心 · 人文山水园”为设计定位。其中“一核”，即中国人文山水核。“两岸”，即右岸为多样的城市滨水景观生态，左岸为纯粹的花海山林风貌。“五区”，是将园区分为五个区域，分别为山水核心区、邢台怀古区、燕风赵韵区、城市花园区和创意生活区，“五区”定位明晰，立足区域未来发展。“多园”，则是在“五区”的基础上设计传承东方哲学体系山水审美观和艺术观，充分利用植物造景设计理念，营造出山水拥抱城市，城市融入自然的美好图景。展园内广袤的水面与市区环城水系互联互通，成为生态修复的新典范。

“五区”中以燕赵风韵区最具特色，它以河北省最有代表性的地域景观串联展园，共有 13 个城市展园展出，占地约 13hm^2，包括湿地浅滩、平川畿辅、坝上雄关、滨海商埠等地貌。每个城市展园都各具特色，将城市的独特文化如血液般融进亭台楼阁、山水石树之中，犹如 13 个明珠镶嵌在山环水抱之间。

园林艺术馆、太行生态文明馆是两大主

展馆。位于南入口轴线上的园林艺术馆，外观似立于浅水之上，其形为台，外为城，内为园，重点展示中国园林之源的史实和园林艺术成就。太行生态文明馆位于园内中心湖西北侧，是山水核心区的起点，承担主题展览、花卉展陈等多项功能。展馆设计从太行山的自然、文化、历史等角度出发，将空间组织、功能规划、外观、使用舒适性等专业知识运用到建筑设计中。

为把省第三届园博会办成一届国内一流、特色鲜明、永不落幕的园林博览盛会，邢台市从规划设计、建设理念、施工组织等多个环节入手，高质高效地推进建园工作。经过近 400 天的艰苦奋战，13 座城市展园、7 组江南古典园林、22 座景观桥、13 座滚水坝如期建成，106hm^2 水面，129.7 万 m^2 绿化覆盖，超过 100 种乔木品种……一座以江南园林为主基调的园博园最终“落户”邢襄大地。

本届园博会还策划了 6 类 20 多项主要活动，内容涵盖政策、学术、文化创意、商业洽谈、产城融合等多个方面。第二届河北国际城市规划设计大赛、风景园林国际学术交流会、中国园林艺术发展主题展、第二届太行山文化带交流会、2019 年环邢台国际公路自行车赛、邢台市第三届旅发大会等精彩活动贯穿其中。

随着对园区场馆的后续利用，园博园将打造成为生态文明教育体验基地和生态文明展示窗口，并立足生态涵养功能区的定位，成为市民休闲旅游的新景观和邢台的“山水门户”。河北省第三届（邢台）园林博览会将集中展示中国优秀传统园林艺术的文化内涵和艺术魅力，提升邢台的城市价值，带动地方生态文明发展，为人民的美好生活做出贡献。

专家领衔 Master Designers

孟兆祯 中国工程院院士、北京林业大学教授、博士生导师

2019年8月，孟兆祯大师为邢台园博园亲笔题字，“虽由人作 宛自天开”。此次孟兆祯先生为邢台园博园亲笔题字，在河北省历届园林博览会中尚属首次，也是给予邢台园博园对中国古典园林传承的褒奖。

贺风春

江苏省勘察设计大师、苏州园林设计院有限公司董事长、河北省第三届园林博览会总风景园林师

郑占峰

中国风景园林学会规划设计分会副理事长、河北省第三届园林博览会总规划师

郭卫兵

河北建筑设计研究院有限责任公司董事长、河北省勘察设计大师、河北省第三届园林博览会太行生态文明馆总建筑师

一流团队 First-Class Design Team

园区总体规划

GARDEN OVERALL PLANNING

展区规划

EXHIBITION AREA

锦绣十里

雪香云蔚

燕赵风华

星汉漫滩

梦圆邢台

古城问道

鸳水苍烟

九水同泽
浪漫湖滨
虹桥揽胜
竹里烟雨
万景归一

展园为园博园的主体部分，本次园博园展园由五大块组成，分别为城市展园区、创意展园区、花园展园区、专类展园区、邢台展园区，沿园路主要由园区的游览系统依次展开。

北侧紧邻主入口的城市展园区与南入口的邢台展园区遥相呼应，共同构成当地城市展园，成为展示河北地域文化的重要载体。专类展园区旨在展示地域特色植物。创意展园区、花园展园区以趣味性、创意性、互动性、体验性为特色。

1.城市展园区

以城市展园为载体，展示“燕风赵韵”。河北省城市展园，以花海为背景，根据城市北部、中部、南部的地理位置组织平面布局。南侧梅岭为北方最大的梅园，形成全园的山林背景，沿着主要动线布置山水居、留香阁、香雪斋等文化主题节点。

2.创意展园区

创意展园区突出公共空间创意节点及特色植物风景景观，入口花海景观楔形嵌入场地，以行云流水般的流线形态深入场地内部。花海连接至花谷，延伸出花溪，人群身处花海波浪之中，视线越过花海，开阔的水面景观便会映入眼帘。花海两侧展园依次布置，花海以西开满鲜花的院子、国际风格展园依次展开，花海以东太行生态文明馆滨水布置，行走于花海，不知不觉中已经开始了园博园之旅。南侧一处开敞的绿地空间、儿童活动场成为该区块最具人气与活力的场所。

3.花园展园区

滨湖公园景观带以开放性公共空间为主，兼顾入口形象展示功能。北入口广场、东北角城市活力轴及东部迎宾广场三部分空间成楔形延伸至场地内部，引领游客开启园博之旅。

邢州大道
停车场
1 北入口大门
卫生间
22 滨湖公园
停车场
卫生间
20 城市活力轴
2 北入口服务中心
01 锦绣桥
23 亲水码头
21 童话世界儿童乐园
0522乡道
02 丽秀湖
唐山园
秦皇岛园
3 花园大道
花艺创意角
5 戏水活力场
餐饮
开闭所
4 开满鲜花的院子
张家口园
国际风格展园
05 任游桥
03 郭公堤
06 兰亭桥
01 兰花别院
07 涵芳桥
02 枕流桥
03 跨虹桥
6 绿野仙踪儿童乐园
7 太行生态文明馆
保定园
定州园
04 芳草洲
15 丽迤湖
廊坊园
衡水园
07 兰芷汀
04 登波桥
邯郸园
8 台地花园
辛集园
09 西梅岭
沧州园
01 丽影湖
02 盆景园
08 青云桥
08 香雪斋
9 音乐小剧场
东梅岭 08
07
09 吴韵桥
10 浪漫爱情谷
留香阁
叠香瀑 10
亲水码头
03 竹里馆
东华路
06 山水居
石家庄园
芙蓉桥 14
13 迎辉桥
10 同泽桥
05 玲珑屿
创意天地儿童乐园 19
11 月季露营地
11 彩鸾溪
15 雪夕桥
12 环球五区示范园
16 仙翁桥
13 丽韵湖
20 觅渡桥
全年龄运动乐园 13
21 倚栏桥
15
承德园
05 知春台
12 丽翠湖
11 烟雨桥
18 迎宾广场
06 烟柳渚
12 玉钩桥
09 花雨巷
22 尚秀桥
园林艺术馆
17 龙湫桥
丝行桥 18
10 饮静湾
16 南入口大门
19 柏影桥
04 水心榭
邢台园
14 丽妍湖
17 祖乙迁邢雕塑
14 南入口服务中心
人行天桥
泉北大街
公交车首末站
N
0m 50m 100m 200m

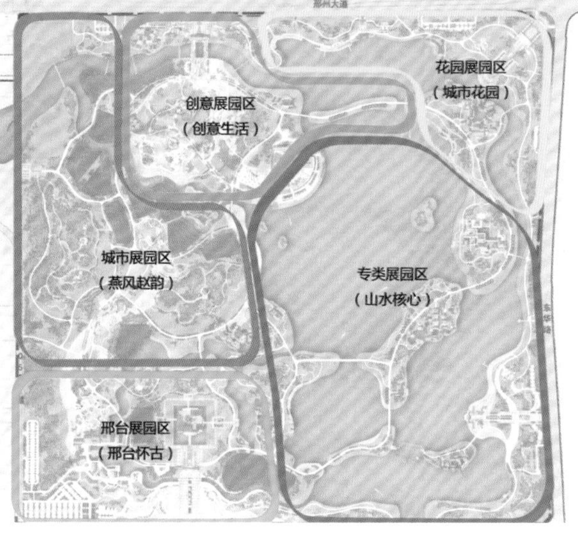
邢州大道
创意展园区
（创意生活）
花园展园区
（城市花园）
城市展园区
（燕风赵韵）
专类展园区
（山水核心）
邢台展园区
（邢台怀古）

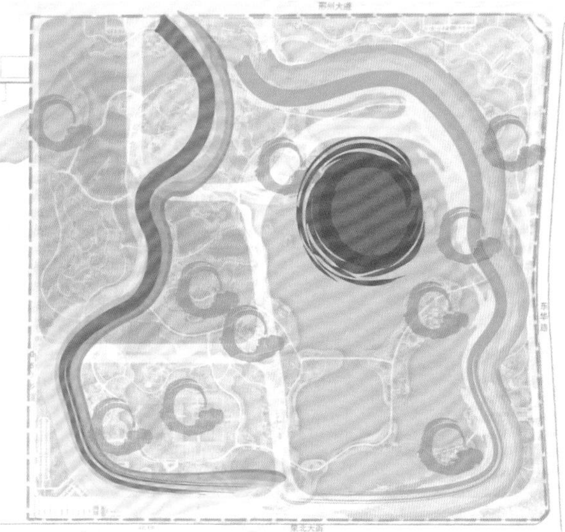
邢州大道

场地内集合了密林组团、开敞草坪、台地草坡、湿地栈道、滨水看台等不同类型的空间，既给人们提供了丰富的休闲活动场所，又提供了多样的驳岸形式。该区域内布置彩虹遂道、亲水码头、儿童活动场等休憩节点，场地内水绿交融，实现了城市空间到园博园园林空间的自然过渡。

4.专类展园区

山水核心区位于园博园东部区域，水环山抱，充分体现了“园林之源”旷达深远的自然之美。主湖面一湖碧水、粼粼波光，如图画般展开的湖山胜景尽收眼底；南眺，烟柳画桥，风帘翠幕，山岛林荫匝地，水岸藤萝粉披；东南部的次水面宛转于亭榭廊槛，清雅秀丽，与南部城市泉北大街无缝对接，让山水拥抱城市，让城市融入自然。

5.邢台展园区

圆梦邢台，古城问道。

绽放在春光烂漫里的绚烂花海，将八方游人疏导进入场地东侧“隐藏”在花海中的游客服务中心，在生态院落式的商业服务区内，无需进入园区，即可享受全方位一站式的贴心服务。庄重的历史溯源之轴，联系着生机勃发的新城以及尽端那隐喻着沙丘苑台的园林艺术馆，以低调、厚重而又饱含故事的姿态为人们开启一趟精彩的园林历史之旅。

读完厚重的历史，转眼就进入灵秀优美的邢台文化展区，它用现代设计语言，展示着“盛世邢台——顺德府城”时期的神韵和风貌，带着人们回顾历史的同时，描绘着新时代园林生活的可能性。

专项设计
CATEGORY DESIGN

建筑设计

一、建筑的景观意识

园林博览会建筑设计很有挑战性，它的难度不同于城市中条条框框的限制，而在于没有限制。这届园博会的规划景观设计与建筑设计是同一团队，从规划设计初期，建筑团队就参与了整体设计过程，面对的是模糊的设计范围与抽象的设计要求。

当然，建筑师的提前介入也隐藏着巨大的优势。常规的建筑设计过程先由规划专业确定设计用地及建筑功能指标，再由建筑师设计建筑形态，考虑内部功能，最后由景观设计师依据建筑提供的外轮廓进行景观设计。这一过程的结果往往是建筑与景观设计的割裂。建筑师感叹景观未能充分了解建筑的设计意图，景观设计师抱怨建筑设计限制了景观的发挥空间，然后他们又共同感慨规划专业切出的用地多么机械僵硬。而现在，建筑可以参与考虑如何落点，如何处理与园林的关系，风格上如何协调。这一切都要求建筑设计师树立明确的景观意识，从整体到局部，从宏观到微观。建筑师要建立景观与建筑互为参照的体系，解决看与被看的关系，平衡建筑的理性与景观的感性，思考整个园区的功能性与艺术性，使之交融互补，最终达成统一。

二、中国园林基因

在团队的讨论与思考中，展现中国园林基因这一命题最终为我们找到了答案。中国园林——作为中华民族之瑰宝，几乎已成为中国文化中最具代表性的内容之一。而提到中国园林，从来没有人会将其建筑与景观分而论之，建筑总是与园林文化高度融合的，它们是一个完整的体系。可以说中国古代的造园者们是最有景观意识的建筑师，同时也是最有建筑意识的景观设计师，当然，他们还具备高度的文化底蕴。

以展现中国园林基因为命题，基于园林视角下的建筑创作，成为了团队的设计目标。以下从总体布局、空间构成、建筑形态等几个方面来阐述本届园博园是如何将园林基因与景观意识融入建筑设计中的。

1. 总体布局

中国园林大体是风景式园林，其分支流派根据分类原则的不同而多有不同。但概而论之，其具有代表意义的空间布局有两类：规则式（轴线式）及自然式（散点式）。前者多见于皇家园林，寺观园林，展现的是规制礼法，宏大壮观。后者主要是私家园林，体现的是曲折婉转，小巧精致。

从本届园博会建筑总体布局来看，这两种空间布局兼而有之。园博园以山水布局为核心，形成两岸环抱的态势，生态左岸从南向北依次为：南大门——园林艺术馆——梅苑——北大门，在花海山林风貌中形成了总体布局上的空间轴线；以此轴线为空间识别轴，布置各个地方展园，服务建筑根据服务半径散点布于其中，南北服务中心结合南北大门设置。活力右岸九水同泽、堤岛连横，结合自然山水格局布置兰花别院、盆景园、竹里馆，并结合半岛地形构建了园林式的围合形态，这样的布局形式出可观自然山水，入可赏园林景观。服务建筑也运用园林布局手法分布其间，或临水、或隐幽，充分借景周边山水园林。

2. 空间构成

中国园林中的建筑类型很多，大小不一，其空间形态根据功能也可分为两个大类：独立型和组合型。其中独立型的多见于皇家园林及寺观园林的核心建筑，它们独立于场所中央或地势较高处，具备标志性及空间的象征意义。而组合型则运用更加广泛，主次分明、高低错落的组合建筑是中国园林中最具特色的部分。

本届园博会的系列建筑中园林艺术馆为独立型建筑的代表。它位于空间中轴南入口区域，与南大门相对而立，是南部区域的标志性建筑，承载着邢台园博会形象标志及园林文化展示的重任，同时与外部开阔大气的广场空间为开幕式提供场地。园林艺术馆独立于场地中央，四面水景围合，静谧的水面影映着耸立的墙体，烘托出建筑的精神特质。艺术馆虽为独立建筑，却也运用了组合手法。建筑外形为四方，其形如台，内部挖空，嵌入园林，展现了“外围城，内围园”的构思立意。环状实体空间通过高低错落的屋顶形成了组合关系。外部形态整体雄浑，内部空间分解柔化，反映了南北园林及古今景观的碰撞与融合。

组合型建筑按现代建筑空间构成分析主要有以下优势：

1）消隐体量

园林中的建筑布置原则是将建筑尽量融入园林之中，保持园林画面的完整性。但现代建筑功能相对于传统建筑而言，对建筑的空间体量需求大大增加。而景观元素，如树木、花草、景石，其尺度与古代相比没有变化。如若要保持建筑与环境的协调性，同时又满足现代功能需求。消减分散建筑体量然后相互组合是非常有效的设计手法。

2）拉长界面

传统园林建筑为园而生，其各种组合类型都是为赏景而存在。其亭是为驻足赏景，其廊是为行中赏景，其轩是为临水赏景。而园博园中的系列建筑同样为赏景而存在，组合形体可以拉长景观界面，通过开敞界面及过渡空间将园景引入建筑。

3）功能独立

组合形式还有利于功能相互独立。传统园林中不同功能的建筑组合在一起，住的空间为宅，聚的空间谓堂，饮茶的空间名茶室，弹琴的空间叫琴台，还有酒庐、画苑、棋馆等，不同的功能有不同的名称，空间上也相互独立。

园博园虽没这么多功能，但比如服务建筑“如凌水苑”，其餐饮区与厨房相互独立是有利于布局与管理的。再如综合服务建筑，其厕所与售卖相对独立也是更为合理的。

4）布局灵活

传统园林的选址为追求景观效果往往会结合地形布置。有时在曲折的水岸边，有时是复杂的山地上，组合式的园林建筑布局灵活，可以适应各种地形。园博会中的展示建筑因其特殊的展示需求尤为需要这种灵活布局。

本届园博会系列建筑中盆景园及兰花别院是组合型建筑的代表。盆景园灵感来源于传统博古架，将建筑空间与场地相互结合作为展示平台，形成纵横交错，曲折婉转，空间多变的独特建筑布局，从多视角多方面展示不同的盆景品类，使游人得到“一步一景皆心动，处处风景皆不同”的游览体验。兰花别院则位于湖面东北部半岛，与周边地块通过桥堤相连。采用了江南庭院式的建筑风格，充分利用其临水优势打造一个曲径通幽、水波潋滟、庭院隐现的园林式别院。

3. 建筑形态

河北省第三届园博会的建筑形态设计主要借鉴了园林建筑的屋顶和屋身这两个方面。

在设计各类建筑外形的时候，首先确定的就是都采用坡屋顶形式。不知何时听过一种说法“中国园林建筑就像屋顶的展览”。虽然这种说法有些片面，但却朴实地表达出中国传统建筑给人的直观印象。屋顶在中国园林建筑中具有强大的象征意义。在中国人“天人合一”的哲学体系中“神的空间，人的尺度，这便是中国建筑”。而坡屋顶相对于建筑而言就是“天”，具有非同一般的仪式感。坡屋顶对建筑设计而言不仅有着形象上的作用，在防水功能上与平屋顶相比也有着非常大的优势。于是从展示建筑到服务建筑再到商业建筑都采用了坡屋顶，这有利于建筑形体的组合，也易与各类园林建筑相协调。同时在统一中寻求变化，园林艺术馆采用了单坡顶，盆景园、兰花别院采用了双坡顶，商业建筑花雨巷采用了不等坡顶，北大门采用了重檐顶，北游客中心采用了连续坡顶。屋顶材质依据建筑形式及尺度也有不同，有金属瓦、陶瓦、小青瓦、玻璃等多种类型。

建筑屋身也是园林建筑的一大特色。中国园林建筑在屋身的处理上有着独特的方式。墙，这是我们对现代建筑屋身的称谓。而在中国园林中最像墙的就是围墙，建筑的墙身则多由门窗组成，“这些墙，要么空灵剔透，要么薄如屏风。”在《营造法式》中，这些轻巧的墙被称为槅扇，是可以随时开合的，打开可观赏精致的庭院，合上可遮风挡雨。与这些槅扇相连的往往还有一圈围廊，这大概就是最早的灰空间了吧。

园博园在各个建筑墙身的处理上也运用了这种形式。结合各类建筑需求，园林建筑的槅扇运用了多种表现手法，有折叠的门窗、通透的幕墙、活动的百叶、镂空的砖墙、或疏或密的格栅。而游廊更是在各类建筑中起着沟通组合关系并承担游览路线的重要功能。

三、建筑的文化属性

中国园林是中国文化的物化表达。它萌发于商周，成熟于唐宋，发达于明清。中国园林史与中国文化发展曲线是相互重叠的。中国园林强调丰富的主题思想与含蓄的意境，源于中国美学思想与传统文化的博大精深。本项目建筑设计中对中国园林文化属性的运用体现在主题性、地域性以及文化意境三个方面。下面以园林艺术馆的设计为例，阐述这三方面的设计。

1. 主题性

建筑设计将园林艺术馆外形设计为“台”，建筑四面围合为“井”，其构成“井构之台”呼应了“邢”“台”二字。艺术馆在内部围合多重庭院，实体展示南北园林特色，呼应展示馆“外为城，内围园”的设计立意。同时庭院内展示雨水净化过程，传统园林与现代科技在这里相互碰撞展示新时代的园林发展。

2. 地域性

园林艺术馆建筑外立面的材质、色彩及形体特质源于河北地域建筑，使其具有明显的文化性与地域性特色。设计外形传达了北方建筑的雄浑，采用具有细节的装饰混凝土齿条墙板来表达北方传统建筑的肌理及色彩。而南北大门及各类服务建筑也选择了与其相协调的色调。

3. 文化意境

建筑环形外形表达了历史轮回，实体以囿、台、丘等隐喻唤醒历史记忆，以传统北方建筑要素感怀邢台悠久历史。造型上起伏有如山川，绕水有如河流，其外山环水绕，其内点缀园林景致，表达建筑的文化意境。

四、配套建筑

园区内的配套服务建筑应为游客和市民提供游览和休憩等服务保障，因此，配套建筑需要配备公共卫生间、售卖、餐饮、医疗服务、办公管理、直饮水、租赁电信等功能。这些配套服务建筑服务于不同半径的游客与市民，从而形成不同等级的服务区。一级服务区服务半径为500m，二级和三级服务区服务半径为250m。河北省第三届（邢台）园林博览会根据服务半径共设 12 个服务区：其中设有 3 个一级服务区、4 个二级服务区以及 5 个三级服务区。部分服务区布点可结合景点建筑与园林景观构筑物设置，其余布点则需要设置独立建筑置入相应功能。

凌水苑及洽隐园分别为二级服务区与三级服务区的独立布点配套服务建筑。整个园内共设置 3 处凌水苑及 3 处洽隐园。凌水苑，凌水而建，观云远望；洽隐园，洽隐于林，寻幽憩歇。2 种形式，6 处建筑都采用隐逸的风格，融于自然，各自生长。凌水苑建筑面积为 952.12m^2，为地上一层建筑，檐口高度最高处为 6.9m。洽隐园建筑面积为 517.16m^2，为地上一层建筑，檐口高度最高处为 4.5m。

1. 寻幽望水

环境对于建筑的重要性是毋庸置疑的。在凌水苑和洽隐园的选址布点上，除了需要遵循服务半径的基本原则以外，还要考虑建筑本身与周边环境的交融与配合。

临水而建，与水对话。三处凌水苑皆选址水边，建筑平台或架于水面之上，或滨水而筑，与水面形成了独特的亲密关系，增加了游客与自然环境的交往。凌水苑以 3 个体块的组合，形成入口—内庭—平台 3 个景观层次。

为了最大化沿水景观面，扩展景观视野，体块基本采用线型形体，入口以景观铺地从园区道路引向建筑，左右两个形体相向，意在削弱建筑界面与内部活动的影响，将建筑隐逸在景观绿化之中；内庭引水为池，经入口有意收拢之后形成豁然开朗之感，增加建筑本身的趣味性与观赏性；平台沿最大体块建筑面展开，并增加平台与室内高差，减小平台与水面上下落差，拉近人与水的关系。

洽隐于林，暗自成趣，洽隐园选址在城市展园以及主题展园周边，如何平衡周边景点环境与服务的需求是本建筑设计的重点。两个主要功能体块以玻璃屋架相接，形成主入口空间，表达接纳欢迎；与另一辅助功能体块拼合为完整建筑组合，利用减法削弱配套服务建筑的体量感。

建筑周边及内部庭院均以园林手法增加绿化及景观，隐逸在环境中的同时，感受不同园林趣味。在凌水苑与洽隐园中感受到园林的生命是如此的漫长以及美好，这是一件相当有趣的事情。

2. 形式语言

“太行名郡 · 园林生活”，整个园内建筑大都以中国园林为形式语言，实现“生态修复、园中之园”的思路。凌水苑和洽隐园同样遵循这一主题，建筑都采用中国传统建筑的语言，利用传统双坡屋顶和现代建造手法，把传统与现代的建筑风格结合起来。交迭融合后的建筑形式，似乎让建筑更有活力与力量。

凌水苑在主要建筑体块局部拔高，增加内部空间感受的同时丰富屋面层次。在体块端头延伸屋面，采用传统屋架形式，利用现代构造手法，将外部平台延续为建筑一处重要的灰空间，进一步增加建筑的趣味性以及共享空间的人文关怀。内庭四周的廊道空间，或增加框景装饰，或增加木色格栅，塑造了具有亲和力及体感延伸的空间脉络，游客们既可享受休憩的自在，又可享受漫步观水的乐趣。

洽隐园入口处一侧置景观片墙，内置灯带，入口处以玻璃钢构双坡屋面为围合空间，以传统的语言、现代的构造，感受传统文化与现代装饰理念。深广的入口空间，保证了建筑的舒适性，扩展其公共性，可驻足，可小憩，可观景，给游园的游客提供自然亲切的休闲服务体验。

3. 风景与空间

“人与自然的关系是人类社会最基本的关系。人类在同自然的互动中生产、生活、发展。”习近平总书记指出：“自然是生命之母，人与自然是生命共同体，人类必须敬畏自然、尊重自然、顺应自然、保护自然。”凌水苑及洽隐园整体采用隐逸的风格，融于自然，风景中有建筑，建筑中有风景。

凌水苑的入口、内庭、平台，都以不同的风貌诠释了“风景中的建筑”这一设计理念。入口含蓄，以景观铺地辅以绿化进行空间引导；内庭浅池中置高低树池，植造型树充实庭院，另置石板桥，形成“我在桥上看风景，看风景的人在外廊中看你”的观赏体验；于凌水平台隔水远眺对岸展园桥梁，达到了观云望景、融合并优化岸线整体形象的双重需求。

洽隐园环以绿林相抱，功能体块之间又以灌木相融；入口绿植对景，背部又以条石为凳，实现了公共建筑共享性与园内建筑隐逸性的平衡。

建筑与风景，场地与空间，共生与互动。

4. 在地性格

建筑材料尽可能考虑当地的传统材料及色彩，对各种材料进行精心设计，使之呈现出其自身特有的质感。同时尊重当地传统文化，结合建筑功能与形式，将石材、木构与玻璃结合，在传统建筑语言上进行改装，使建筑融于自然又富有特色，扎根在基地所处的环境之中。材料的特殊构造和自然属性，使建筑与园林更加和谐，从而形成多层次、富有趣味的具有在地性格的配套服务建筑。

米黄色碎拼石材勾勒出建筑的边界，内侧以连续规律的木色装饰构件形成富于趣味的立面形式。幕墙外双层装饰构件丰富了立面层次，增加系列配套建筑的韵律，从中既感受到传统建筑木构的丰富，同时又在石材、木构、幕墙的细节上展现现代建筑风格。

屋顶采用深灰色哑光面铝镁金属 S 形块瓦，低调内敛，视觉上借鉴了当地传统建筑材料特性，使用现代建筑手法，表现建筑的地方趣味及开放性。

五、结语

似乎用简单的几句文字来定义凌水苑、洽隐园的建筑风格不是件容易的事。“孩子们在公园里玩耍，有需求的游客可以找到便民的公共卫生间，工作人员可以在休息室休息，市民可以在廊桥上散步、交谈，公园变得更加生气勃勃。这便是作为设计者希望营造的游玩和生活的氛围。”散落在园区内的凌水苑及洽隐园，是对城市公园与公共空间中配套建筑所体现的人文关怀的积极探索，是公共空间中小建筑设计需要表达的城市生活的公共性和景观环境的共生性的执着追求。

园林，使生活更美好，凌水苑与洽隐园，凌水观云，寻幽洽隐，微小却充满生机与趣味。

植物风景规划

一、植物风景规划主题

京畿花城——融科技生活、花文化展示、四季观花及夜间游赏于一体的四季花园。

科技生活花园——通过科技与花、生活与花相结合，提高园艺科技水平，舒缓压力，促进身心健康。

花文化展示——结合江南园林、盆景园展示中国花卉文化及花卉科普知识，丰富花园文化内涵。

四季观花——室内花展与室外花园结合，实现四季有花可赏。

夜间游赏——举办节日赏灯、烟花表演等，增加夜花园的游赏。

二、植物风景规划分区特色

根据景观总体规划确定片区主题，进行植物配置和品种选择。

1）缤纷花艺线

该园区位于园博园西部，从北入口花海一月季花谷一鸢尾花溪，共同形成主题型花卉观赏带。

2）四季花境线

该园区位于园博园东部，沿主园路两侧种植多种宿根花卉、自衍草花、观赏草，以混合花境的形式，打造精致型花卉观赏带。

3）邢台展园区

该园区以银杏、元宝枫、白蜡等秋色叶植物为主，烘托园林之源的悠久历史。 以南入口服务建筑的立体花园，结合台地花海，渲染入口迎宾氛围。

4）城市展园区

城市展园区以片植乔木为主，以此形成城市展园片区的生态基底。西侧结合地形，种植体现邢台特色的植物品种，如绿岭核桃、富岗苹果、板栗等。选择观赏性突出的乡土植物，如春季的玉兰、海棠，夏季的荷花，秋季的银杏、秋红枫等，打造多个专类观赏花园。

5）创意展园区

该园区北入口以秋季草花花海、结合片植樱花、突出秋季花海主题，渲染入口迎宾氛围；同

时还可结合生态风景片林，观赏草等新优品种，衬托景观主题。

6）花园展园区

该园区结合兰花别院和宿根花卉专类园，以花卉为主题，展现缤纷花园特色，让游人近距离接触自然，有效缓解压力，促进身心健康。

7）专类花园区

该园区结合堤、岛，规划海棠、桃、菊花、杉类、樱花、荷花等专类园，烘托园林文化意境、景观风貌。盆景园以展示当地果树盆景为特色，使园林与盆景艺术更好地结合。

文化植物：四大专类园——梅园（30个品种）、兰园（10个品种）、竹园（6个品种）、菊园（40个品种）。

冀南特色植物：四大专类园鸢尾园（20个品种）、牡丹园（50个品种）、月季园（100个品种）、槭树园（15个品种）。

水生植物：两大专类园——湿生植物园（40个品种）、荷花园（30个品种）。

其他专类园：桃园（10个品种）、海棠园（12个品种）、玉兰园（10个品种）、松园（8个品种）、杉园（5个品种）、宿根花卉园（50个品种）、新优品种植物园（科技示范区）。

环球五区园林植物科技示范区总面积约1万m^2，集中展示了近年来该区域新引进的多种优良乔灌木及花卉，共计8个科，14个属，60多个品种。主要分为6大区域：北部集中展示红花玉兰及风箱果；南部以绣球类为主；东部绿地为日本绣线菊及丁香品种；西部主要为槭树科植物；西南部为新引进的锦带花；中部广场则是北美海棠展示区。

三、打造品牌

通过对河北及邢台的盆景、花卉特色进行研究分析，提取本地花艺特色，打造特色品牌。

1）盆景园品牌

河北盆景是国内树木盆景的发源地——结合室内、室外展示，打造河北省特色果树盆景园。

2）花艺品牌

本届园博会创造邢台花卉展示、交流、交易平台，打造花卉产业基地。

园博会期间——缤纷花艺。

园博会后——四季花节。

桥梁设计

园博园内共有桥梁22座，主要划归为3大区域：现代板块区、江南板块区以及邢台板块区。

现代板块主要体现现代特色，6座桥梁以太行生态文明馆为主要中心发散分布，桥名则延续花海意境的唯美浪漫。江南板块主要体现山水核心特色，营造山水意境之体验。9座桥梁的命名及形态特征充分体现并传承江南特色。邢台板块主要体现邢台地域文化，7座桥的命名及形态充分彰显邢台特色，独具怀古情怀。

同泽桥：取自九湖同泽之意，指代邢台位处要地，前途可期。本桥为七孔桥，桥身蜿蜒展开在水面上，桥形展现江南传统园林桥梁景观的风貌，衬托出湖区景观。桥梁细节上以石材表面不同的粗糙程度凸显装饰的差异性，丰富桥梁整体观感。

吴韵桥：即春秋吴国所辖地区文化风情，独有的雅致含蓄意味。桥体形态带有江南传统古典园林中的桥梁特征，体现出江南园林的景观风貌。本桥为单孔拱桥，用简约流畅的线形延展在长堤之间，构成一幅绝美的园林景观。

兰亭桥：遥指书法圣地《兰亭集序》之兰亭，给桥韵增加几分书卷气。桥体以木材为栏杆装饰基础，体现材料的亲切感。衬托出生态自然的气息。

任游桥：语出陶渊明《归去来兮辞》，“寓形宇内复几时，曷不委心任去留”。抒发了委顺自然，超尘脱俗的情志。任游桥以简洁清新的形态体现桥梁的现代美学。

枕流桥：出自南朝宋刘义庆《世说新语·排调》。“王曰：‘流可枕，石可漱乎？’孙曰：‘所以枕流，欲洗其耳；所以漱石，欲砺其齿。’”代指隐居生活。桥名枕流，指桥处景色优美，亲近自然。枕流桥以流畅的横向线条给人以动态的视觉感受，人行桥身处的起伏为园林景观增加些许意趣。

芙蓉桥：芙蓉指荷花，桥名芙蓉，象征荷花出淤泥而不染的高风亮节的精神。芙蓉桥为多跨平桥，微微拱起的桥身为河道上增添一道简约清丽的景致。

智慧设计

河北省第三届（邢台）园林博览会与中国电信、华为公司合作，依托大数据、云平台、智慧应用系统突出建设智慧园博，开展5G应用、沉浸式体验、游客服务以及智慧大脑等系统，实现园博园智能化管理。旨在将项目“建设成为影响全国的新时代河北风景园林的经典传世之作”。

邢台园博园的设计愿景是“创中国园林溯源之作，传优秀文化城市遗产，立北国生态绿色标杆”，建设一个可感知、可控、可管理的智慧园区，使游客享受便捷、优质的园区服务，游客游览实现智能化。

设计理念与原则：

实用性：紧密贴合园博园运营需求，从园博园运营时的角度入手，通盘考虑系统的实用性、适用性；

前瞻性：采用物联网、大数据、云平台、无线技术、定位和监控技术，实现信息的传递和实时交换；

安全性：严格执行国家、行业的有关标准及公安部门有关安全技术防范的要求，贯彻质量条例，还应满足国家及地方相关法律、法规、规定等要求；

可靠性：园博园系统建设必须具有高度的安全性、可靠性和稳定性，包括系统自身安全和信息传递的安全以及运行的可靠性；

经济性：设备选型和系统设计要在确保满足用户需求和安全的前提下，具有良好的性价比；

合理性：系统设计方案合理，保证设计方案和图纸通过相关部门的评审。

亮化设计

根据本项目的总体设计规划，本次夜景设计把整个项目分为“一核，两脉 ，五片区，多节点”。“一核”，即项目中间大片的人工湖区。“两脉”，为项目路上游览线路和水上游览线路。“五片区”，为城市展园区，创意展园区，花园展园区，专类展园区，邢台展园区。“多节点”，为各个景观、建筑、园林节点。

根据现在和未来规划的区域性质和所承载的文化使命，照明要为整个园区提供一种视觉体验和将来的持续价值双重需求，它的影响力将会提升整个区域的国际性知名度，吸引新的投资带动产业发展，丰富旅游资源、改善生态环境。

现在——园博会期间盛大吸引力，传承历史文化，提供夜间视觉体验。

未来——提升区域价值，宣贯景区旅游品牌，丰富旅游资源，吸引投资。

设计概念：

月白风清，如此良夜何！

柳拂玉萧起，清曲唤古忆。

落风撩镜湖，浮晖舞流夕。

霞紫青天外，银华翠原溢。

飞星追月落，仙韵天河逸 。

园博会夜景照明是在日间景观的基础上衍生拓展出的夜间景观。通过整体的夜景照明规划，在理解整体思路的基础上，发掘梳理出需要表达的载体，进行园区光环境意向的创造。这里可以通过光的强弱变化、光的点灭等操控光。照明解决的正是如何合理地利用光，进而帮助我们更加持续有效地利用周围环境烘托主题的问题。

建筑：释放能量、凸显形态。

建筑物的照明手段及夜景形象应综合考虑所在区域的照明风格要求，特别是注意对园区夜间整体性的影响。

道路系统：安全性、诱导性。

注重安全性，以流程、简洁、明快为风格、灯具应防止眩光和光污染，具备良好的诱导性。

水系：体验格局、注重对景。

注重水系周边的互动性，亲水性，对景及水面倒影的特征关系。

公共空间：开放、共享、提升价值。

公共空间是活动丰富、人流密集的区域，夜间照明应考虑到公共空间的功能性、景观性，既要满足夜景游人在该空间内的游览需求，也要考虑到夜景的表现效果，与周围建筑、环境的协调等。

展园布局

GARDEN OVERALL ARRANGEMENT

一、项目概况

河北省第三届园林博览会于 2019 年 8 月 28 日至 11 月 28 日于国家园林城市邢台市举办。园博会以“城市绿心 · 人文山水园”为定位，“太行名郡 · 园林生活”为规划建设主题。

本次博览会选址位于邢台市邢东新区中央生态公园东北部，规划设计面积 308hm^2，分为山水核心区、邢台怀古区、燕风赵韵区、城市花园区、创意生活区 5 大板块。其中，水系面积约 106hm^2、建筑总面积约 6.9 万 hm^2，总投资约 36 亿元，采取 EPC+PPP 模式建设。

二、项目特色

“青山不墨千秋画，绿水无弦万古琴”，“山水”之于中国人，象征着对自然的最高精神追求和寄情山水的生活态度，也是本次规划设计的灵魂与空间核心组成。本届园林博览会旨在将项目建设成为“影响全国的新时代河北风景园林的经典传世之作”，担当着展示中国园林文化精髓和营造诗意园林生活的使命。

江南园林，是中国园林的最高艺术体现，它的出现的即将唤醒“园林之乡”邢台，使之更完整地展示中国园林历史之美，同时还能在河北地区形成“北有承德避暑山庄，南有邢台山水园林”的文化格局。

本届园博园的规划积极响应十九大报告精神，突出公园城市理念，实现公园形态和城市空间的有机融合，将“城市中的公园”升级为“公园中的城市”。同时突出生态修复和文化传承，把园博会建设与邢东矿采煤塌陷区综合治理同步规划、同步开发、同步建设，为采煤塌陷区综合治理提供新的方案，通过构建多元文化场景和特色文化载体，彰显邢台的城市性格和气质。

“一核、两岸、五区、多园”高度概括了本届园博园的空间构架。山水核心区是江南园林的载体；两岸环抱，活力右岸将山水园林慷慨地渗透进入城市，形成多样的城市滨水景观；生态左岸则以纯粹的花海山林风貌，与中央生态公园完美融合，相得益彰。五区定位明晰，立足区域未来发展；多园集中建设、融入城市惠及市民。

建设亮点在于打造“五大最”，最园林：北方最具江南园林精髓的山水园、江南园和盆景园；最文化：两大主展馆——太行生态文明馆、园林艺术馆；最国际：两大国际设施展——国际水景设施展、国际儿童游乐设备展；最炫酷：灯光秀演出；最专业：10 个主题植物专类园。

本届园林博览会以写意山水、集景式空间布局创中国园林溯源之作；以创意设计、多元活力空间营造诗意园林生活。最终实现“用园林提升生活，用风景改变城市”的设计愿景。

三、两大国际展

河北省第三届园林博览会引入了国际水景展和国际儿童游乐设备展。

1.国际水景设施展

国际水景设施展秉承“绿色环保、文化体验、创新求进、融入生活、世界之最”5大设计理念，力求将本次园博园打造成为中国领先、世界一流的水景公园。园内水景结合创意设施，呈现形式多样的水景效果，主要水景布点共12处，包括：风生水起、雨亭、跳泉、动力之源、时光喷泉、梅溪叠瀑、月季花雾森、印象水街、粼光闪烁、叠水池、数控景观水柱及彩虹隧道。除此之外，结合景点设置多处雾森景观，使园内水景的设计集艺术与科学于一体，共同打造独具特色的水景公园。

2.国际儿童游乐设备展

园内营造4处儿童活动区，分别为童话世界主题乐园、绿野仙踪主题乐园、创意天地儿童乐园、全智能运动乐园。童话世界主题乐园是针对年龄层次较小的儿童打造的一处童话世界，用多维度的游乐主题培养儿童的认知能力。绿野仙踪主题乐园强调主题化、趣味化、生态化，打造一处绿意盎然、自然生态，儿童可以自由奔跑、嬉戏、撒野的活力场所。创意天地儿童乐园，强调现代设计的设计美感，集合了现代、科技、自然教育与人性化等创意形态。全智能运动乐园，以专业化、多元化的运动为核心，打造一处全龄智能运动乐园，通过身体力行的互动式参与，形成寓教于乐的运动模式。

四、环球5区园林植物应用示范园（Global Zone 5）

园博园中引入了环球5区园林植物，拥有国际植物资源抗寒适应能力的提示性商标。

园区采用美国农业部对于植物耐寒基因的适生区域界定标准，5区的极限低温为-29℃，GZ5的原种资源来自欧美不同国家的不同地质环境，经过数百年的驯化筛选及花园应用，被全世界同等气候区采用。

环球5区园林植物应用示范园面积：约1万m^2。

环球5区园林植物应用示范园主要展示近年来新引进的多种优良乔灌木及花卉。

玉兰新优品种区：上层娇红、旭森等玉兰新优品种，下层金叶风箱果（醒目、金镖等）。

丁香新优品种区：上层各品种丁香（索格纳、贝克雪山等），下层各品种绣线菊（雪丘、金火焰等）。

绣球类新优品种区：上层以常绿植物为主的背景林带，下层各品种绣球、荚蒾（小绵羊、蓝尼克等）。

槭树新优品种区：上层各种美国红枫等槭树科新优品种，下层鸢尾与西侧花溪呼应。

海棠新优品种区：上层各品种海棠（李斯特、粉手帕等），下层各品种锦带花（粉公主、亮点等）。

其他彩叶树种新优品种区：上层彩叶豆梨、秋紫白蜡等新优品种，下层火焰卫矛等。

入口景墙作为展区标志，引导游人进入展园，流畅的彩色透水混凝土铺装，搭配木栈道和石材休息广场，丰富展园景观空间。

主展馆

MAIN EXHIBITION AREA

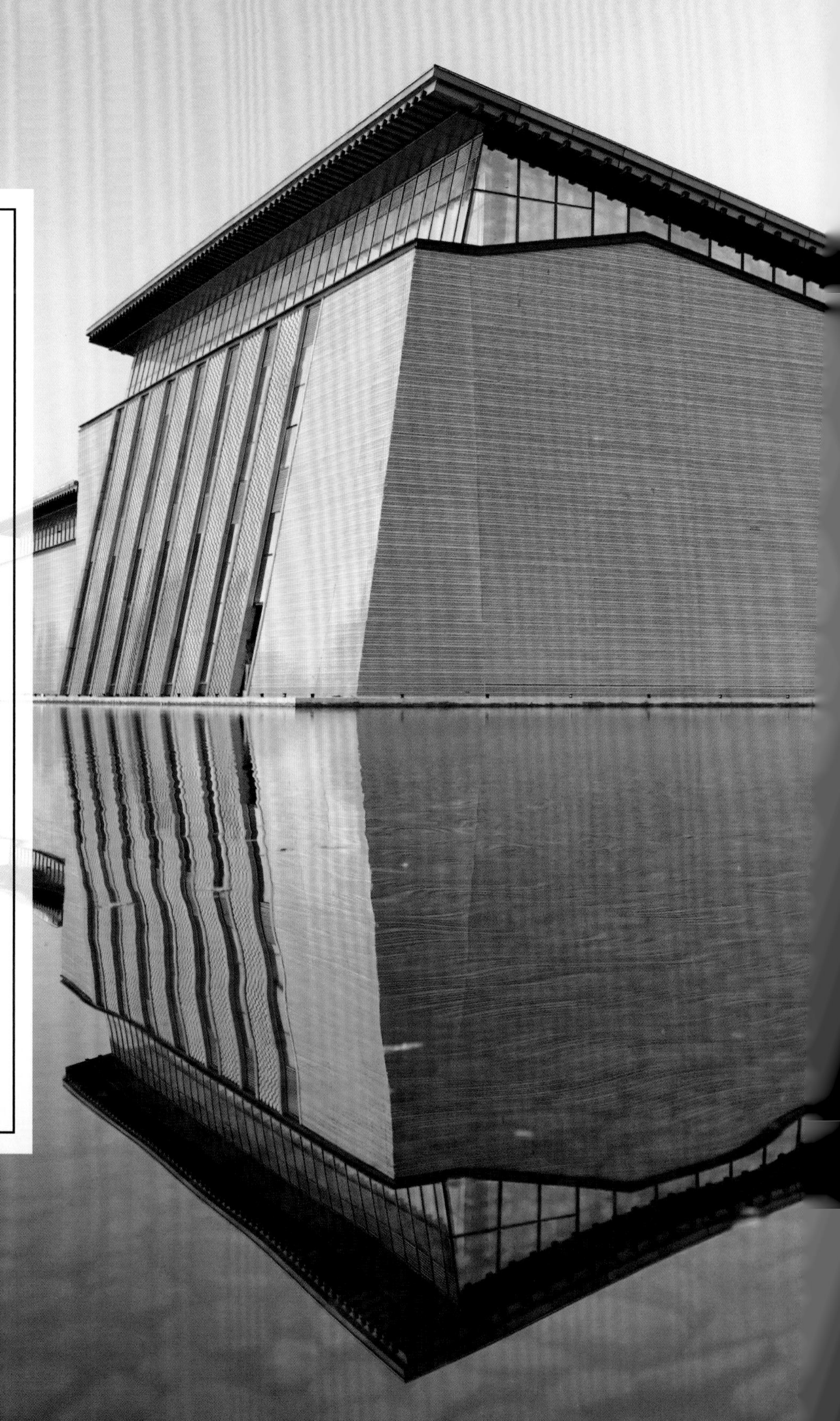

河北省园林艺术馆

HEBEI LANDSCAPE ART HALL

園林藝術館

園林藝術館

己亥大暑
孟兆禎

河北省园林艺术馆是第三届河北省园林博览会主展馆，位于南入口轴线上，形为台，外为城，内为园。建筑总面积 6800.5m²，室内展览空间约为 3920m²，室外展览及庭院约为 2440m²。

南入口大门轴线上陈列着《祖乙迁邢》组群雕塑，其由近百个人物、20 多匹马匹、若干器具构成，表达了《迁邢》这一主题，刻画了祖乙、文武大臣及普通百姓的生动形象，展示了中国历史上无数次迁都事件中的一个经典画面。这组群雕由一长串纵向方阵组成，分为《仪仗》《皇权》《护鼎》《百姓迁徙》4 个组团。

园林艺术馆在满足基本展览空间的同时，于庭院中将南北园林、古今景观碰撞结合，呼应展馆“外为城，内为园”的立意。园林艺术馆建筑整体外观似立于浅水之上，其形为台，寓意人的一种精神堡垒。

这座展馆在设计上有着深厚的文化背景。中国园林萌发于商周，成熟于唐宋，发达于明清。地域上来说，邢台市位于河北省中南部，太行山脉南段东麓。邢台居中，中国园林往南盛于江南，往北盛于皇家。邢台为苑囿发源地，造园始于商周，其时称之为囿。“仁者乐山，智者乐水”，北方城市对山水的热爱与追求自古根深蒂固，邢台古十二景中包含山水的景致就十分丰富。

园林艺术馆设计中环形外形表示历史轮回，实体以囿、台、丘等隐喻唤醒历史记忆，以传统北方建筑要素感怀邢台悠久历史。造型上起伏有如山川，绕水有如河流，可见山环水绕。点缀园林景致，同样唤醒历史记忆。

设计理念上，园林艺术馆建筑风格既体现邢台城市历史文化风格，也融入了现代主义的理性空间，重新追寻技术美与人情味的和谐统一。

整座展馆建筑造型设计整合邢台历史文化建

筑风格，运用现代建筑的设计语言，表达对当代生活空间以及建筑艺术的理解，对各种元素体量进行重组与穿插，对建筑的体块关系进行逻辑整理，强调平面的规则与立面的简洁。创造一个亲切、清新的空间。精巧的细部设计，确保建筑的耐久，努力做到美的持久性，回归建筑的本源：经济、适用、安全、美观。

园林艺术馆建筑材料主要是运用装饰混凝土墙板、装饰板、铝板、金属屋面板等构成现代建筑的基本元素，体现建筑技术与艺术的完美结合。墙面强调建筑体量之间相互穿插和明细的逻辑关系，采用复合立面的处理手法，使建筑立面层次丰富明朗。值得一提的是，窗根据功能和造型设计，多元化窗的形式，构成了新风格建筑丰富的造型。

太行生态文明馆
TAIHANG MOUNTAIN CIVILIZATION HALL

太行生态文明馆是第三届河北省园林博览会主展馆，位于园内中心湖西北侧，是山水核心区的起点，与竹里馆隔水相望。总建筑面积 17700m^2，包括太行生态文明馆主展馆 14600m^2、国际花卉交流中心 2400m^2、服务用房 700m^2 等项目。

太行生态文明馆承担主题展览、花卉展陈等多项功能。太行生态文明馆展陈设计充分挖掘太行山自然与人文特色，分为自然、人文和开放 3 大展厅，将展示、科普与观赏有机结合，秉承经济性原则，最大化利用展陈空间，使用环保材料合理布局，以质朴的形式凸显个性鲜明的内容主题。

太行生态文明馆设计从自然、文化、历史多角度发掘太行山文明，将空间组织、功能规划、外观、使用舒适性等专业知识运用到建筑设计中。建筑模拟太行山原始生态地貌，采用“地景式建筑”设计手法，整体造型北高南低，起伏转折，简洁有力，充分表现太行山脉气势雄浑、清戾苍劲的特点。

建筑以开敞的姿态面向湖面，通过坡屋顶种植绿化与屋顶观景平台，加强建筑与湖面及周围景观共生与互动。同时结合功能需求，在不同高度设计入口广场、建筑室内空间、观景平台、屋顶步道、沿湖观赏区等公共空间，形成一个连续的游览路线，模糊了建筑与环境的界限，使建筑和环境融为一体，为游客带来丰富的观赏体验。

太行生态文明馆坚持低碳环保、绿色节能的设计理念，采取多种新型技术。例如，建筑采用大空间装配式钢结构体系，不仅通过定制化生产节约建筑材料，同时装配式施工也可缩减施工周期。建筑立面选用废料再生的再造石装饰墙板，节约资源，减少污染。屋面绿化采用中卉容器式轻型屋顶绿化技术，可以大幅度降低屋顶荷载；并且该项技术为成品安装培育后植物，可满足多种植物搭配设计要求，丰富景观层次，施工完成后即达到景观绿化效果。

太行山红色文化
Red Culture of Taihang Mountain

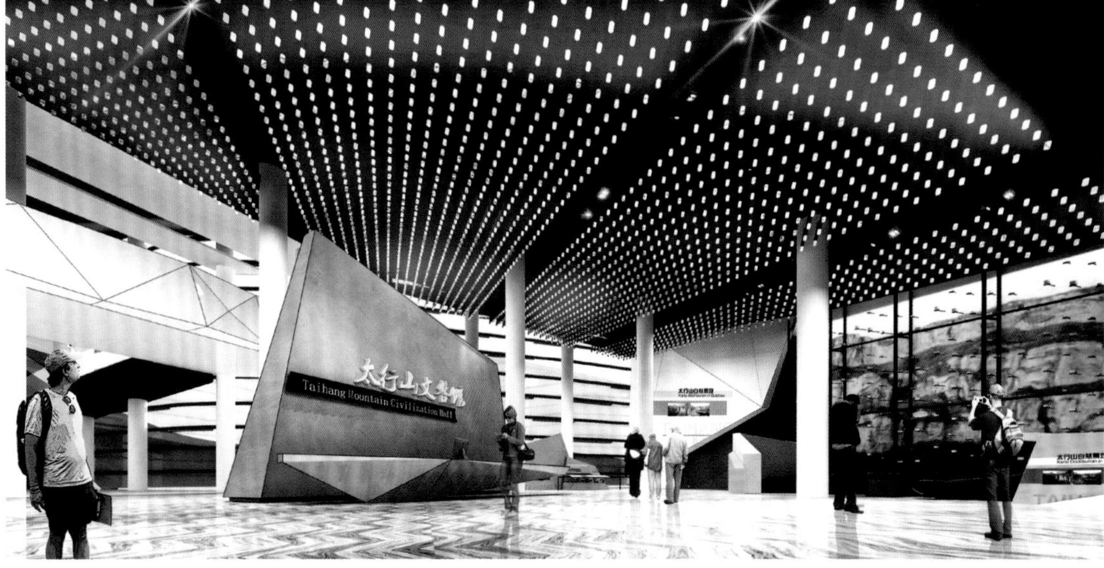
太行山文明馆
Taihang Mountain Civilization Hall

传统文化展园

TRADITIONAL CULTURE GARDENS

竹里馆

ZHULIGUAN

1. 榆荫山房门厅
2. 榆荫山房轿厅
3. 榆荫山房大厅
4. 榆荫山房后厅
5. 观鱼斋
6. 双清轩
7. 四角亭
8. 通波（船舫）
9. 幽篁馆
10. 簇竹榭
11. 浣香亭
12. 积翠亭
13. 玉带桥
14. 小飞虹
15. 假山跌水
16. 小平桥
17. 锁绿轩
18. 听雨轩
19. 三曲桥
20. 映碧亭
21. 水榭
22. 涵碧轩（茶室）
23. 配套服务及游船售票处
24. 公共厕所
25. 入口门厅
26. 玉玲珑馆（配套用房）
27. 绣绮堂（餐饮）
28. 卫生间
29. 服务间
30. 清韵馆（餐饮）
31. 双亭
32. 重檐四角亭
33. 接待门厅
34. 清风池馆（餐饮）
35. 配套用房（餐饮）
36. 服务间
37. 卫生间
38. 小码头

竹里馆位于园博园东南侧中心岛之上，四面环水。西可远眺留香阁，与规划馆隔湖而望，互为对景，将大湖景观融为一体，宛如一幅山水画；北侧石桥相连，与兰花别院形成串联；南侧与水心榭围合水面，互为对景；东侧沿东华路打开视线，显山露水，其建筑占地 $3618m^2$。设计主题为“不出城廓而获山水之怡，身居闹市而得林泉之趣”。展现江南秀丽山水和传统理想居家园林的境界和情景。

竹里馆所处小岛地势南高北低，南侧小山林木葱郁，湖光山色跃然眼前。小岛北侧为一组江南传统宅园，分为中路“宅”与东园、西园 3 部分。宅为三进院落，由门厅、轿厅、大厅、后厅组成，让游人感受传统起居生活的情景，享“居尘出尘”的隐逸静趣。西园利用形式丰富的厅、水榭、廊、亭、船舫围绕水池布置，用连廊及园路串通，配以围墙、小桥、树木等，形成以幽篁馆、观鱼斋、听雨轩等为主景的不同空间层次，同时外借山水形成“一迳抱幽山，居然城市间”的意境。幽篁馆抱柱联“两枝修竹出重霄，几叶新篁倒挂梢，清气若兰虚怀当竹，乐情在水静气同山”等，将竹与风月相联系，竹之澄川翠干，光影会合于轩户之间，尤与风月为相宜。

竹里馆中路宅部分，未来将结合孟兆祯院士生平、荣誉、作品及竹文化作为展示空间。利用宅和园的空间做展览和茶室功能，并结合一组园林餐饮建筑做配套，作为接待空间。

山水居

SHANSHUIJU

山水居位于全园中心偏西南侧，南侧与园林艺术馆相呼应，互为对景；东侧毗邻丽影湖，沿园区园路打开视线，显山露水；西侧与石家庄园隔湖相望；北可远眺留香阁，通过水系与留香阁串联，其建筑占地1644m^2。

山水居设计主题为“仁者乐山，智者乐水”。以两路院落的串联作为全园的骨架；“院”与“园”的两种空间，营造“围合”与“开敞”的景观感受，形成抑与扬的对比，同时也考虑了功能的分布及使用上的要求。以水云居、叠浪轩为全园的活动中心，水云居作为全园的主厅，面对大水面，视线开阔；叠浪轩与翠屏轩、风月亭形成空间上的围合，互为对景。水云居抱柱联“得山水乐寄怀抱，于古今文观异同，闲云起山涧，野水落云端”等，体现了寄情山水的情怀。

1. 门厅
2. 储香馆
3. 倚虹亭
4. 咏梅堂
5. 水云居
6. 疏影堂
7. 风月亭
8. 梅溪精舍
9. 清音亭
10. 假山跌水
11. 绣绮堂
12. 厕所
13. 还砚斋
14. 晴雪轩
15. 翠屏轩
16. 真趣亭
17. 叠浪轩
18. 厕所
19. 月驾轩
20. 听泉亭

知春台
ZHICHUNTAI

知春台位于全园西南侧岛上，西侧与园林艺术馆隔湖相望，互为对景；南侧靠近邢台园展园；东侧毗邻丽翠湖，沿园区园路打开视线，显山露水；北可远眺留香阁，其建筑占地 1135.5m^2。设计主题为“山水台地林泉趣，俯水枕石梦邢襄”。

“郡斋西北有邢台，落日登临醉眼开。春树万家漳水上，白云千载太行来。”主厅知春堂与园林艺术馆东西呼应，西为一重檐八角亭与烟雨长堤，长堤下形成叠水。园内小桥流水、假山叠瀑；园外从对岸园林博物馆眺望叠水、重檐八角亭、烟雨长堤、知春堂，形成高低错落、景深丰富的一组园林景点。知春堂抱柱联“春风经燕剪作花，柳色因雨凝成烟”等，似乎让人也感受到了百花似锦的春的气息。

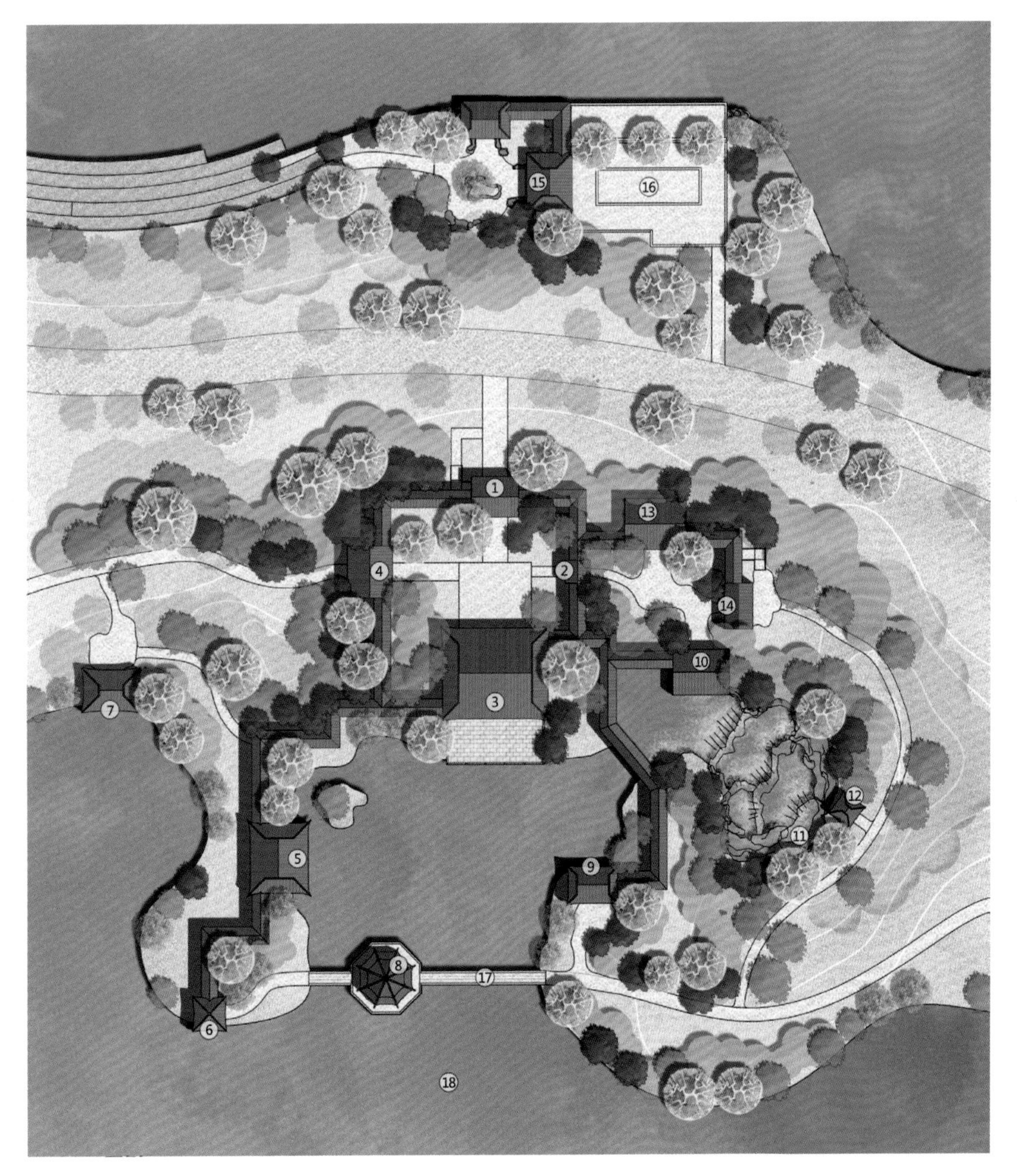

1. 认春（门厅）
2. 别有天
3. 知春堂
4. 宜雨轩
5. 涵碧轩
6. 杏田吟浪
7. 浣溪居
8. 梦月亭
9. 青杨宝风
10. 水色霞光
11. 假山跌水
12. 宜雨亭
13. 怡然居
14. 闻瀑馆
15. 含青水榭
16. 游船码头
17. 丽日桥
18. 梦月湖

盆景园
MINIATURE LANDSCAPE GARDEN

设计理念

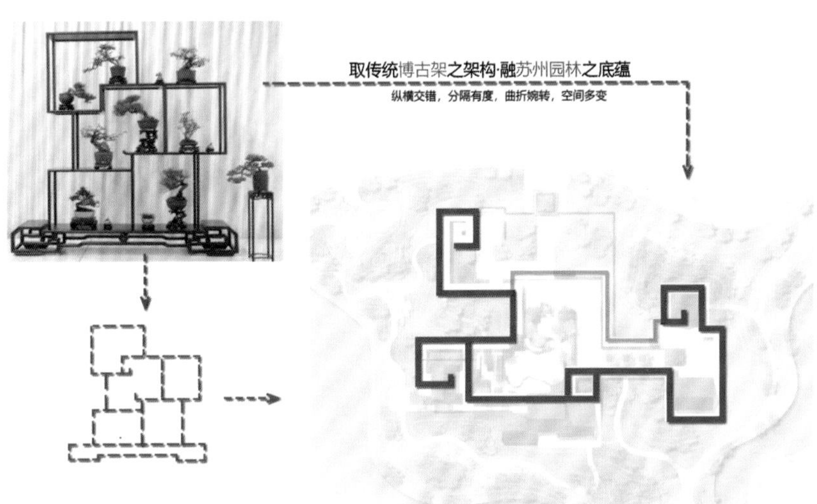

取传统博古架之架构·融苏州园林之底蕴
纵横交错，分隔有度，曲折婉转，空间多变

盆景园位于河北省第三届（邢台）园林博览会园博园东部活力右岸之上的专类展园区之中。盆景园所在地块西侧为开阔景观水面，西北侧与本届园林博览会的主展馆（太行生态文明馆）隔湖相望；地块东侧为园博园与外部城市空间分隔环状道路与河道，河道外侧（东侧）为城市道路东华路；地块北侧为兰花别院，其为兰花展示的专类场馆，传统江南民居风格；地块南侧有竹里馆，地道的江南园林组团，作为竹文化及江南园林的展示。

盆景园主要打造作为本次园博会的盆景相关文化及展品的主题展览空间。盆景园用地面积约 4hm^2，总建筑面积 5830.24m^2，建筑占地面积 5199.79m^2，建筑为地上二层，建筑最大檐口高度 9m。盆景园建筑主体为以架空连廊串联的新中式风格建筑，在周边搭配打造以相对现代简约的景观营造手法为主的主题景观，在建筑二层设置有一结合典型传统园林造景手法的屋顶花园。传统与现代相结合，旨在取传统江南园林之底蕴，绘新时代特色的崭新画卷，打造全新的盆景主题展示园。

花雨巷
HUAYUXIANG

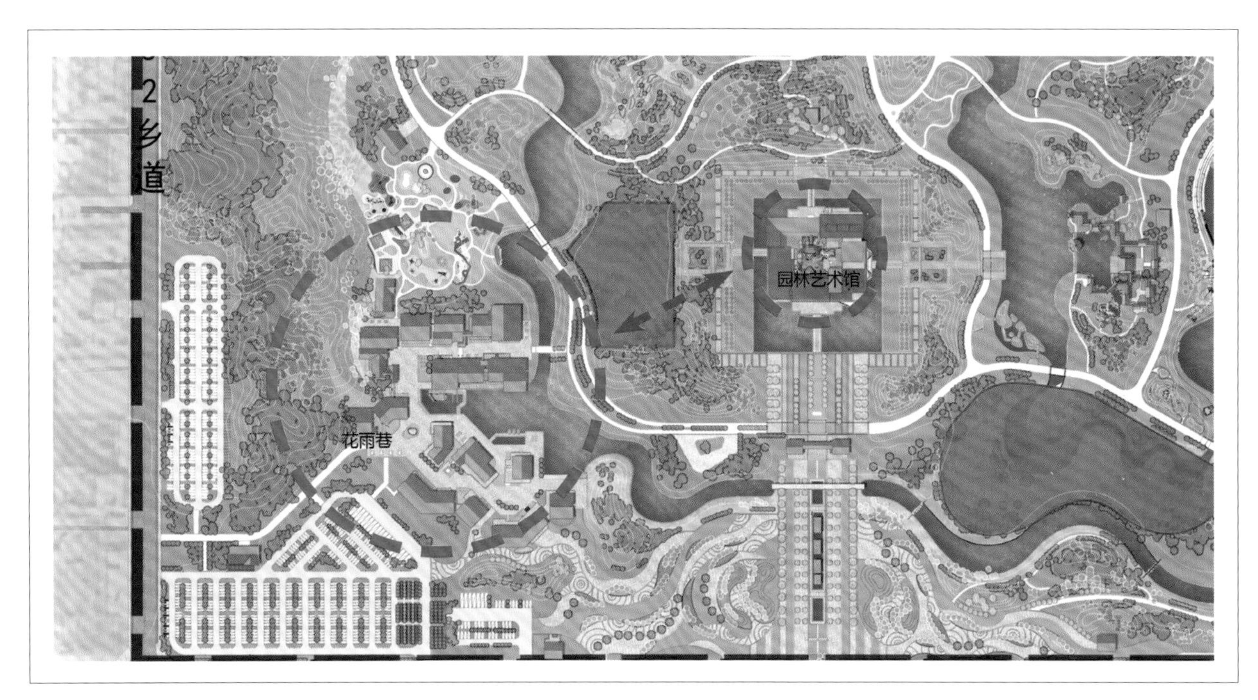

花雨巷位于邢台园博园的西南角，北侧接邻泉北大街，既是西南半园的综合服务中心，又是南侧门户的重大景观节点。作为一个文化建筑组团，场地平缓，用地充沛，设计有着巨大的发挥空间。

花雨巷整合了邢台历史文化建筑风格，建筑材料主要是运用米黄色干挂石材、仿青砖文化石、铝板、金属屋面板等构成现代建筑的基本元素，体现建筑技术与艺术的完美结合。以景观意境为线索，遵循“景园合一”的原则，运用垂直轴线布局，采用点、线、面成景的方式，参照所处位置及不同功能分割空间，营造一个多功能的、尺度宜人的、具有纯正中式元素的步行街道环境。

结合周边的地块，设计步行道路系统，形成步行街、广场、水景系列。建筑风格既要体现邢台城市历史文化风格，也要融入现代主义的理性空间。重新追寻技术美与人情味的和谐统一。

城市展园

CITY GARDENS

伏羲园

石家庄园
SHIJIAZHUANG GARDEN

一画开天

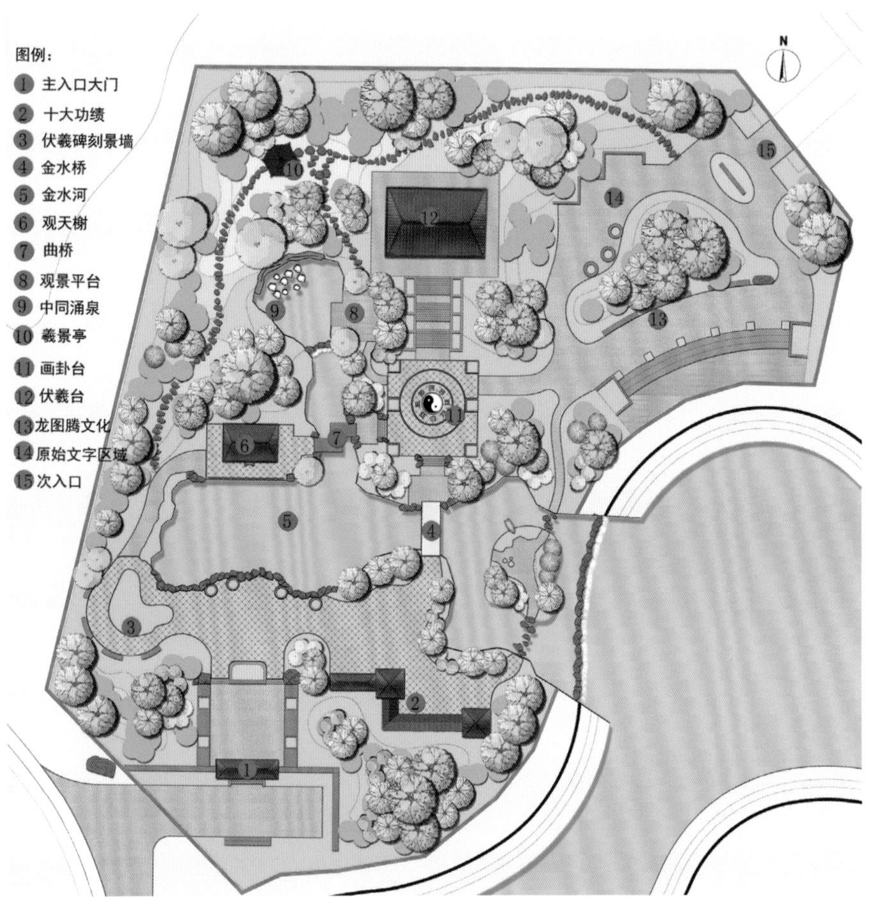

园区总面积为 10556m^2。石家庄园又名文元苑，以“伏羲文化”为主线，深刻挖掘新乐伏羲台文化精髓，以亭、台、榭、湖、桥为空间区划，形成多个景观独特的展区，综合展示了中华人文始祖伏羲的创造精神、奉献精神、和合精神。展园内由主入口文化区、中心区、次入口文化区、湖体区域和山体区 5 部分共 15 个景观元素组成。植物选择上主要运用高大的落叶乔木、常绿植物等营造出沧桑的历史感，配植多种灌木、草本植物及时令花卉，形成了景观环境优美、整体布局合理、功能区划科学、文化内涵丰富的主题展园。

主入口以伏羲台午门为原型进行设计，大门西侧是大型的锈板透雕，展现新乐伏羲台的自然风貌，大门正门处有一个伏羲带领大家开疆拓土的场景浮雕，入口处设一照壁，采取中空形式，与其后配植的造型植物达成虚实相映的效果。

在设计中尊重生态，崇尚自然，因地制宜，依托附近湖体，引水入园，力求打造一个环境优美、特色突出的城市展园。在植物配置方面，主要以乡土树种为主，采用常绿植物、落叶乔木、花灌木、地被结合的形式注重艺术性、色彩性。

主创人员：薛儒、李红、高香英、马云霞、李泽、赵一莹

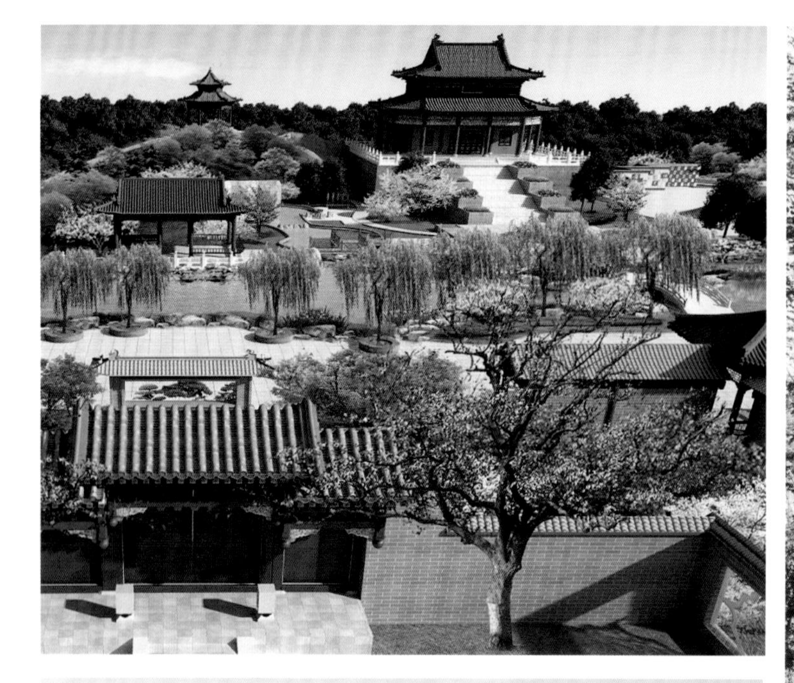

唐山园
TANGSHAN GARDEN

唐山园

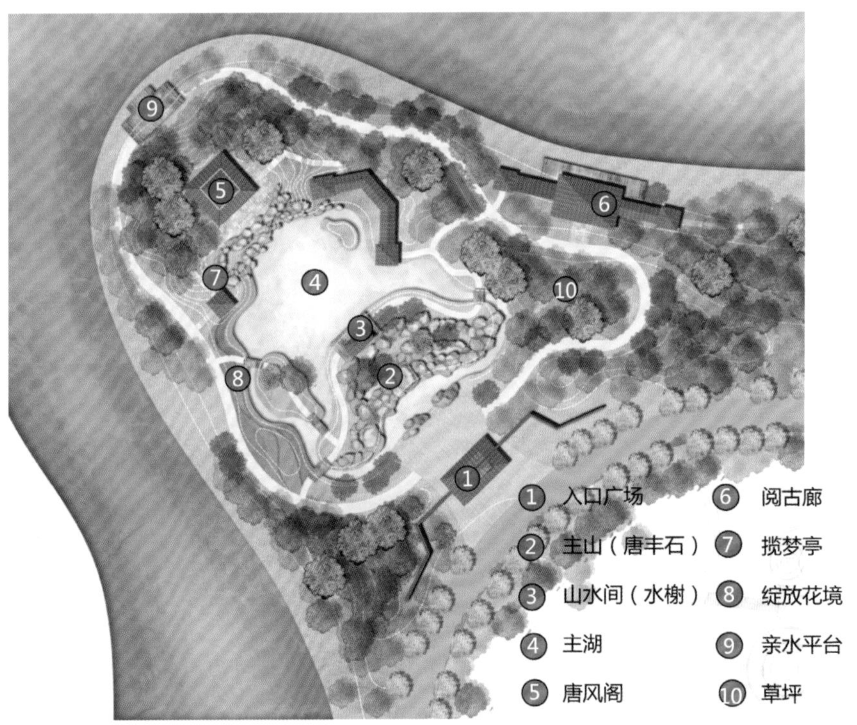

唐山园占地面积 8500m^2，可通过一级园路与园博会北入口、西入口衔接，交通可达性强。同时唐山园处在两条河流的交叉区域，三面环水，景观优势突出，为展示唐山北方水城特质提供了良好的基址条件。

大唐一代，为我中华民族历史辉煌极盛之时，“唐王东征，山赐国姓”以厚重的形态凸显唐山城市文化基调。展园聚焦于“唐”，以虚与实、光与影、藏与露、起伏与层次、纹理与材质的园林演绎手法，依托现代技术构建自然山水骨架以模拟山川之雄胜，结合生态修复打造人工生态系统以展现物华之灵秀，通过触景生情达到理想诗画意境以凸显人文之精华。以城市境内地形地貌（丘陵——平原——海洋）为蓝本，反映“一港双城”发展战略为核心，结合“山水林田湖海城”等元素，构筑“蓝绿交响，盛世园林”的整体格局。

设计以唐风为主旋律，以“李世民穿越时空、梦回唐山”为故事主线，讲述“金色缘起”（皇家印记）—“黑色煤都”（工业摇篮）—“赤焰涅槃”—“绿色样板”（生态转型）—“蓝色信念”（海洋经济）的故事，一场关于唐山这座城追逐梦想的前世今生。

主创人员：杨海蓉 、于颖 、韩莹

秦皇岛园
QINHUANGDAO GARDEN

梯航萬里
滄溟樓

秦皇岛园名为翠岛园，面积 10029m^2，设计方案巧妙地将园内园外水体在视觉上融为一体，极大延伸了空间，增大了景深，并创造出 100° 广角的主观赏视角。展园以“海宇仙乡，康养之都”为主题，由西半部的中式自然山水园（碣石山水园）和东半部的西式别墅感官花园（别墅康养园），两园并置而成。以花境营造、视觉震撼、游客参与等方面为特色，用园林景观的手法展现秦皇岛独特的海洋文化与康养文化。展园植物突出秦皇岛特色、秋季观赏和花境 3 大特色，打造特色鲜明的植物景观。

碣石山水园以沧海揽胜为主景，登沧溟楼揽一池三仙山（沧海池、碣石山、书院山、长寿山）。沧海池采用无边际水池做法，巧妙地将园内池水和园外河水“融为一体”，极大拓展了展园的视觉空间，水雾营造出海市蜃楼般的海宇仙乡圣境。远处，河对岸的园区北入口服务中心园中借景，于“仙境”中若隐若现，似神仙居所，使人浮想联翩。登至顶层，一幅“沧海揽胜”风景长卷迎面展开，秦皇岛园营造出的北方园林的气魄将深深印入每一位观者的脑海。

别墅康养园以位于中轴线上的暖阳草坪为中心，分布有 5 个不同类型的感观花园，进入别墅康养园，扑面而来的是浓浓的康养度假氛围。感官花园包含视觉园、听觉园、嗅觉园、触觉园、味觉园，运用园艺疗法，使游人可以充分利用五感来全方位地体验大自然，从社会、教育、心理以及身体诸方面进行调整更新，从而舒解压力，复健身心。

主创人员：耿欣

到贴纸，闻闻味道

邯郸园
HANDAN GARDEN

胜景春秋

邯郸园位于城市展园区，是从南侧主入口进入后首先看到的展园之一，距离北侧主入口和西侧次入口的距离也很近，在宏观区位上都比较方便游客观赏，是河北省城市展园的窗口。

园区从全新的角度发觉创新的设计主题，综合中国古典园林艺术与植物景观营造诗画之意境美，同时融入邯郸丰富的非物质文化遗产赋予空间功能，增加游人参与感。通过丰富多彩的园林景色和气势恢弘的山水景观来表现邯郸的历史文化与城市内涵。

设计以“诗语邯郸 · 画境山水”为设计主题，将全园分为林壑山涧、河川别院与红岭芳甸 3 个区域。林壑山涧区利用场地地势，以乔木、山石与溪涧营造深邃幽闭的景观氛围；河川别院区堆山理水、连廊串景，形成丰富的水院景观。红岭芳甸区主要展示观赏草与秋色叶植物，点缀亭、榭等园林建筑，营造野耕秋景的粗犷自然景观氛围。这里，水灵动，为园林增添轻盈动态之美；山沉稳，为园林增加雄浑厚重之美。河川别院在原场地地形基础上挖湖堆山，形成小山跌水景观，传承中国古典园林之美，并且在周围辅以夏季水生植物，其间点缀以轩、廊、舫等园林建筑，分别形成了由梅坞花隐、菡萏绣湖、临壁摹泉、画舟捕绿、红雨芳踪等景观节点。

主创人员：姚朋、赵鸣、奚秋蕙、孙一豪、成超男、颖越、吴桐、冯亚琦

保定园
BAODING GARDEN

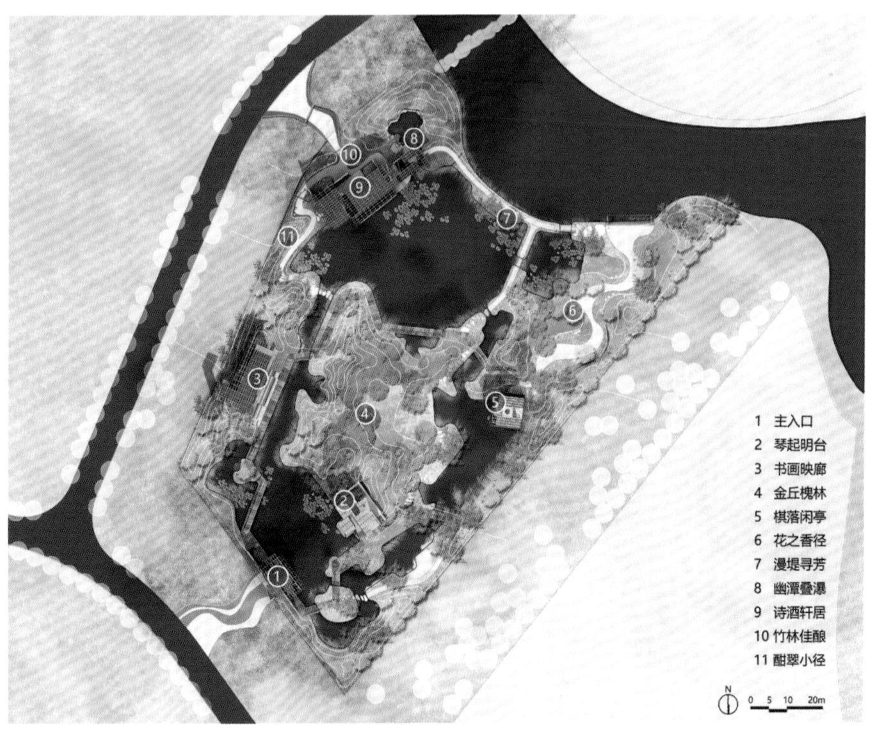

保定园位于园区的西北侧城市展园区和创意生活区的交界处，面积为8500m^2。展园临近两条一级主环路，同时东北侧园界紧邻湿地岛群水面，在提供了良好景观视线的同时，也为园内引水造景提供了极大程度上的便利。

设计紧扣大会“太行名郡 · 园林生活”的主题，以“水泽清明，雅趣人家”为设计概念，意图打造自然环境与人居理想和谐统一的园林生活空间。借人生八雅“琴棋书画诗酒花茶”为主题，展示保定“非遗”文化，展示空间基于竹构的单体方块组合变换，塑造丰富雅趣的展园空间。全园以府河水景空间的南湖、西溪、柳塘、北潭为空间骨架，抽取南湖、北潭、西溪、东洲、柳塘等闻名的湖塘意向，并以适应府河水系所形成的典型植物环境为基调，塑造保定独特的依水定城的人居环境。

“水泽清明”是保定郡府自然环境的空间概况，“雅趣人家”是保定人民人文积淀的生活特点。基于这样的设计概念，展园最终形成 3 大设计特色：对保定水景景观形胜的空间概括、对保定非物质文化遗产的创新展示以及对保定人居生活意趣的艺术表达。保定展园设计方案最终以水景构建为核心特色，形成 6 大景观分区，包括南湖菱秀、西溪芦影、金丘槐香、柳塘弈趣、东洲花映、北潭竹韵。

主创人员：李雄、邵明、宋云珊、闫佳伦、李頔

张家口园

ZHANGJIAKOU GARDEN

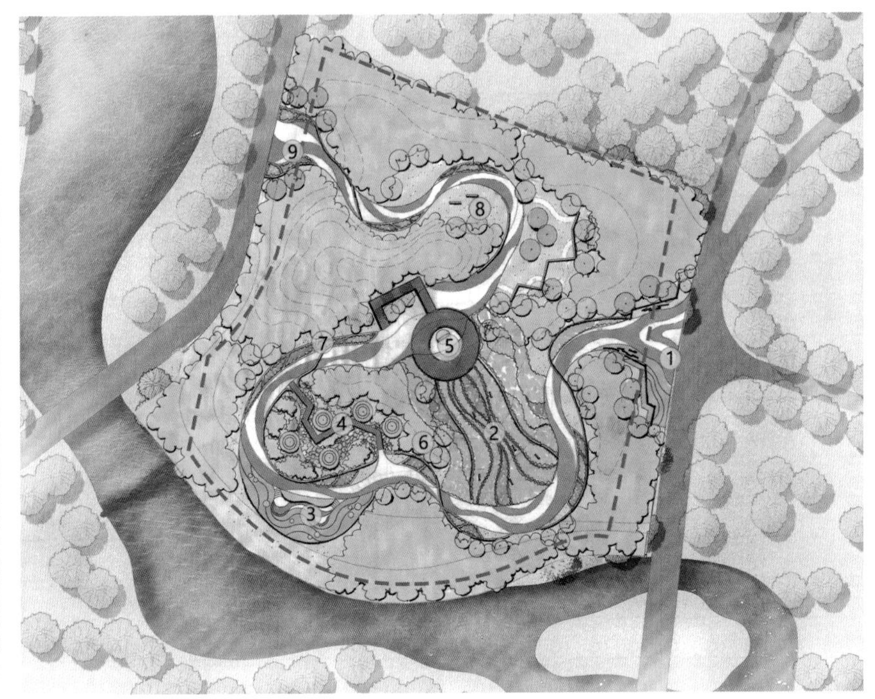

1.入口区域　　2.大丽花瀑　　3.下沉水景
4.湿地景观　　5.冬梦印象　　6.海棠花溪
7.大丽花带　　8.奥运互动　　9.入口区域

张家口园位于城市展园区西北侧，占地面积 8500m^2，地势相对平坦，东西两侧临游览主干道，北侧与互动园、唐山园相邻，南侧与保定园滨水相望。本届张家口展园通过“塞外山城”“生态涵养”“激情冬奥”3 个方面向游客呈现张家口市的整体形象风貌。雄浑的群山、蜿蜒的河流、坝上坝下丰富的自然风貌共同构成张家口这座古城的山水构架。

本次设计正是以张家口市的生态、人文为依托，将展园设计为三区八景的总体布局，突出展示山城张垣、生态张垣、激情张垣 3 个主要展区；山水之城、松林傲雪、大丽花台、绚丽花坡、多彩湿地、镜水涟漪、梦幻草原、飘舞彩带 8 个主要景点。8 个主要景点运用中国古典园林造园手法，体现曲径通幽、小中见大、移步换景的园林体验，最终共同构筑了“大美山河张垣地，激情冬奥冰雪城”的设计主题。用山来体现雪道，雪道来体现山，相辅相成，自然亲切，浑然天成。矫健的运动剪影依山顺势而下，形成静中有动的生动对比。为静的雪，雄厚的山，平添几分情趣。

山形艺术廊架，作为园区的主题景观。在不破坏整体园林植物、花卉搭配设计的基础上，做到景区文化内涵和地方特色形象的整体提升。艺术廊架既满足空间的视觉效果，有效地划分了空间，又以艺术的手法宣传了园区的冬奥主题。

主创人员：李毅、张之光、李修军、倪庆伟

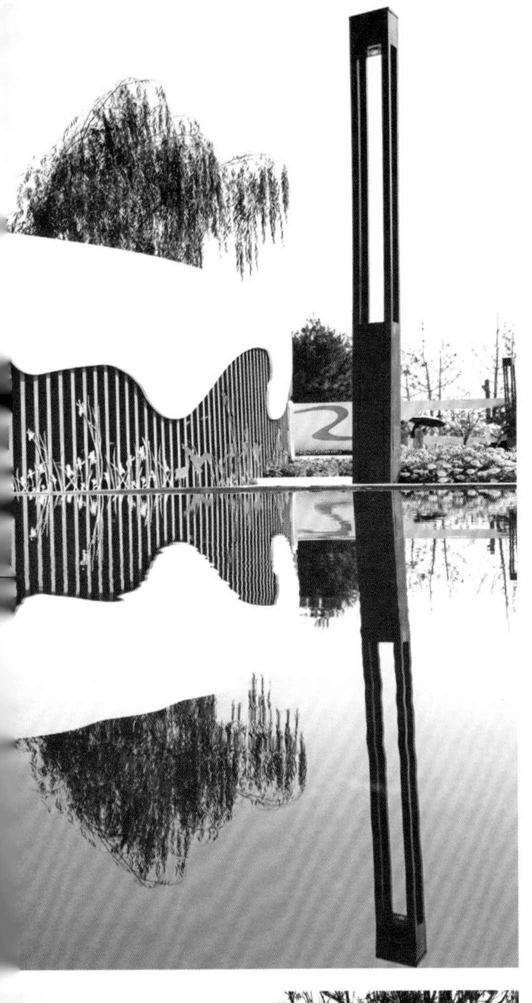

承德园
CHENGDE GARDEN

1. 暄波迎客（主入口）
2. 霁虹廊
3. 山石花台
4. 云帆月舫
5. 莲台 观想
6. 如意湖
7. 远香桥
8. 万树苍云
9. 半月河
10. 栖霞径
11. 天地旷观亭
12. 双峰秀色
13. 闻籁桥
14. 清源瀑
15. 双松书屋
16. 俯镜池
17. 金莲映日
18. 满院清舒（东入口）

承德展园位于入口轴线西侧，西临主水系，东接园林艺术馆。取避暑山庄“自天地之生成，归造化之品汇”的理念，全园合理利用区位优势，将避暑山庄的“山水形胜，宫苑交辉”的布局结构与皇家苑囿“心怀天下，景纳江山”的思想情怀容纳于四区十八景；并以云帆月舫、双松书屋的景观复原与主展馆联动，形成北方皇家园林造园艺术的活态博物馆。

园区通过西高东低的竖向处理塑造“山岳一平原一 湖泊”的山水之骨，因借真山真水布置相应的亭廊院落。宫殿区自“暄波迎客”由桥入园，揽胜台对景湖山，霁虹廊内外水系融贯，建筑形制上“崇朴鉴奢，以洽群黎”；湖泊区仿效避暑山庄洲岛交映、院水交融的空间特色，以单体建筑云帆月舫和二进院落双松书屋传递出“博采名景，移天缩地”的帝王气度；平原区以疏林草地的植物景观为主体，表现地平草茂的自然风光与“静观万物，俯察庶类”的皇家思想；山岳区还原避暑山庄“两山夹一鞍”的地势，山巅踞亭，控制全园，远眺内外，传达出“胸怀今古，目览四方”的气势，南北借景山区之声、湖区之味，各区之间相互联系，分而不断。

园区主题建筑均具展陈功能，多样化展示避暑山庄的规划思想和造园手法；楹联、匾额取古意而融今景，画龙点睛，与全园美景共同述说皇家园囿的瑰丽雄浑。

主创人员：李雄、邵明、李艺琳、王钰、李頔

沧州园

CANGZHOU GARDEN

朗啸清吟

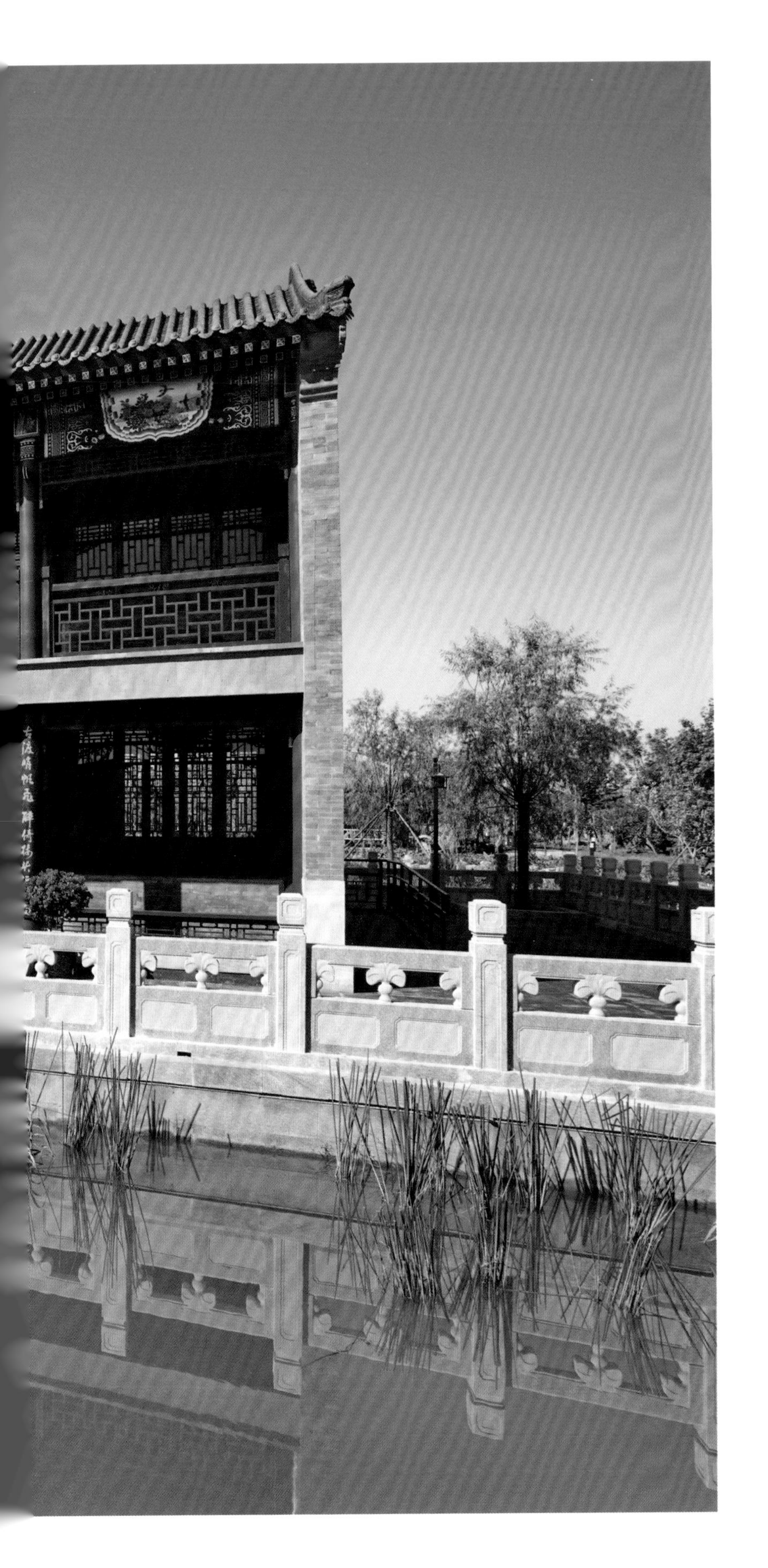

沧州园位于园区主湖区西侧，呈东西长边轴向布置，展园占地面积 8990m²。以“运河风情，记忆沧州”为主题，以运河的记忆场景为线索，展示内容结合沧州的地域特色，分为“百姓生活”和“自然风光”两部分。

整体布局概括为“一轴一环两区”，全园以朗清楼为核心组织园林景观，百姓生活区与自然风光区通过朗清楼衔接，东西向轴线引导了渐进的序列，设置了“运河人家”“运河酒家”“担水记忆”“乡野风光”等 10 余处运河主题的园林场景。伴随着运河之水的流动，呈现出一幕幕沧州运河记忆的场景，实现故事画面的起承转合，让游人重温具有运河风情的沧州生活记忆。

朗清楼作为沧州园的核心建筑，四面环水，风景各异，可以总览全园的山石跌水，繁花胜景。楼东侧照壁上绘制的是清代京杭大运河沧州段全景图，朗清楼西侧是充满乡野风情的自然风光区，模拟运河郊野地段的自然风光，借助自然抬高的地势，堆叠假山。沿地势打造多层级叠水，结合山石磴道，草亭置石的合宜搭配，再现沧州运河河畔的美丽风光。一展河图，纵览浩淼烟波。

主创人员：杨乐、李彦、张福山、刘月、潘多多、张颖、穆高杰、武晓宇、王初旭、霍鹏、付松涛、穆希廉

晴空园

廊坊园

LANGFANG GARDEN

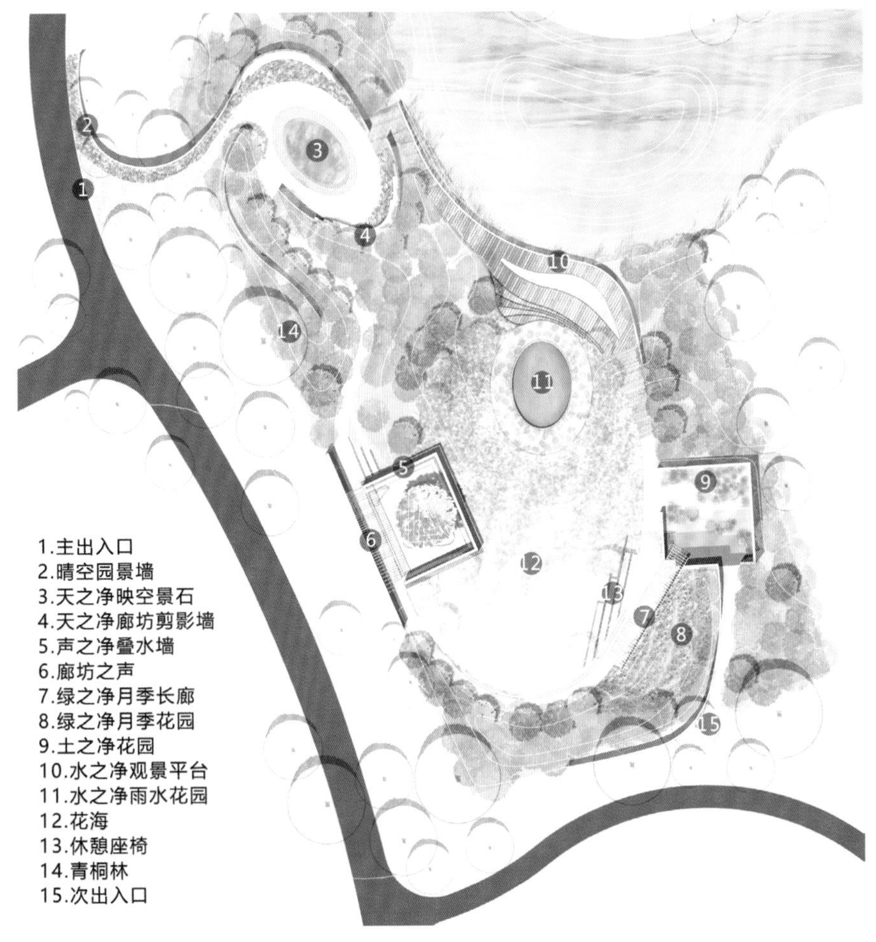

位于湿地水系附近，紧邻园区一级主环路，背靠园区制高点，占尽背山面水的区位优势，展园面积 8500m^2。设计旨在回归园林本质，以“绿色、科技、活力”为理念，打造代表行业先进水平的科普体验花园。

廊坊园以“晴空园”为主题，充分利用场地的现状地形，结合廊坊市“把森林引入城市，在森林中建设城市”的目标，设计“天之净、声之净、绿之净、土之净、水之净”5 个不同主题的精品花园，塑造仰望蓝天的空间结构，展现廊坊为建设美好人居环境，对城市的天空、噪声、绿化、土壤、水体所进行的治理和修复成果。同时，通过智能设计及施工，实现在工厂定制、现场装配的展园，在设计初期就对施工过程进行全方位把控，缩短繁重的施工周期，探索真正适合河北园博会建设周期要求的设计、施工方式，确保方案的实施效果。

设计中巧妙运用了廊坊市非物质文化遗产扎刻工艺，展示独特的文化名片。将原材料秸秆装点设计空间，形成独具廊坊文化特色的展园景观。此外，展园以树木围合，塑造地形、设计中心下凹花海的手法突出“仰望晴空，俯瞰花海”的氛围，并与水系联通，在强化空间的同时践行了海绵理念。

主创人员：李雄、肖遥

衡水园

HENGSHUI GARDEN

衡韵园

衡韵园占地面积 9450m²。整体景观游线由“探音”和“传乐”两条文化脉络组成，其中有运河长歌、探寻八音、弦歌台榭、礼乐长廊、衡韵致远、器乐华章等景观节点。主入口大门是极具特色的北方清式垂花门。主要景点有探音轩、八音山、挽澜船舫、颂乐亭、礼乐复廊、衡韵堂、传乐墙、听音榭等。五音地雕地面上是“五音十二律谱”的地雕景观，探音轩的地雕还将展现京杭大运河地图。采用围墙和植物景观进行遮挡，使游客沉浸于衡水城市展园景观中。

对两个线索相应的文化和景观类型进行不同的提取和加工，打造赋有衡水音乐文化特色的园子，展示新时代的衡水新名片，让人们感受衡水的音乐文化魅力。

整个展园打造成一个半围合的古典园林空间，东面和北面的生态湿地滩涂、花海和溪流则可形成对景和借景。以“衡水乐音，恒心致远”为主题，以自然山水园为载体，以古典建筑堂、轩、船舫、复廊、月洞门、围墙等景观配合景石、跌水、溪流、琴瑟湖等形成展园主体，用艺术化的手法表达衡水运河船歌、儒乡礼乐等音乐文化。用古典园林的景观空间唱响音韵和谐之美，拨动儒乡礼乐之弦，让音乐在自然中升起、沸腾、弥漫。

主创人员：曾鼎承、杨志松、张亚中、张玉竹、王小冬、玉小兰、张萍、杨艳、赵东娜、何永豪、梁雯霞、田晓辉、刘苹

辛集园

XINJI GARDEN

闭门即深山
开卷可千古

辛集园以“南园北筑”为整体设计理念，廊、台、亭、阁，园区内都有，建筑物依水而建，属于江南风格。建设有梦花堂、广寒榭、明月轩等主要景观，在建设过程中将辛集传统文化融入其中。在景观布局上，辛集展园分为亭廊院落和自然山水南北两部分，以环路组织园内交通。在种植设计上，分为枫林尽染、春花烂漫、松竹常青、桃柳争艳、杉下观鸢和荷莲田田 6 个分区，以季相明显、特色鲜明的植物组团，丰富园林意境。

展园总面积约 8500m^2，周围有梅岭、香雪斋等景点环布。辛集文化悠久，人才辈出。辛集素以经商为传统，尤其毛皮二行，行销大江南北。随着商业的发展，明清时期辛集商人沿着长江一路高歌猛进，将货品销售到长江中下游地区。同时也将南方的信息带回了家乡。辛集宅院里影壁上常画江南山水，南北文化的融合和认同，也体现了辛集作为贸易重地的独特气质。在辛集的传统文化中，崇文、重教、融通、共荣特色突出，展现了辛集人民向往美好宜居的江南园林生活的愿想，展园设计立足于灵活多变的空间、自然山水的意向以及文化生活载体。

主创人员：蒋毅、杨家康、张怀卿、冯梦、王菲

定州园
DINGZHOU GARDEN

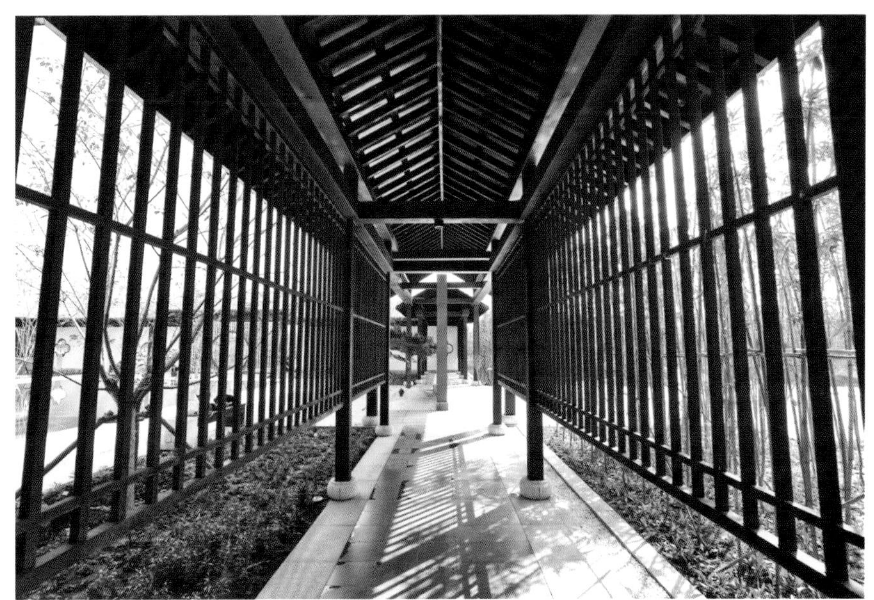

定州园利用中国传统造园手法进行空间设计，打造围合院落，营造舒适安静、绿意盎然的古典园林。定瓷的第一印象，宋代五大名窑，“定州花瓷瓯，颜色天下白”，展园设计将融入定州特有文化，多角度、全方位地展示和融入定州定瓷文化。园内随处可感受到定州定瓷文化，提取定瓷的造型、纹样特征等在园林景观的构成要素中进行演绎。从功能布局、种植搭配、小品设计及材料搭配上加入现代景观园林的元素特征，打造“天下大白品定瓷，一花一木读定州园林”的特色园林。

以山水院落为布局，打造“起承转合”的功能分区。起：海棠映瓷，即海棠映瓷、九曲平桥；承：瓷林戏水，即瓷林戏水、瓷艺水亭；转：定瓷水院，即定瓷水院、试院煎茶；合：跌水映楼，即滴水玉盘、跌水映楼。交通流线顺畅，其中两座小桥和一条九曲桥，贯穿全园景致，更能体现水上通行的乐趣。

入口用笔直的御道作为主要通道，两边对称布置花树和景观灯，对景为展园大门，轴线植物和灯具均能体现和定瓷的密切关系。入口景观墙两侧雕刻定瓷雕花图案，左右两边形成对称景观效果，景观效果呼应主题。

沿通道进入，看到的是净瓶雕塑景观，寓意清净、祥和。景观墙两侧放置定瓷雕塑，左右两边形成对称景观效果。植物色彩上主要以白色和浅粉色为主，呼应定瓷雅致的特点。

主创人员：刘潇、吴晓天、李雨晴、胡茂才、郭旗

邢台园
XINGTAI GARDEN

聽泉館
清風修身身懷清風
百泉洗心心納百泉

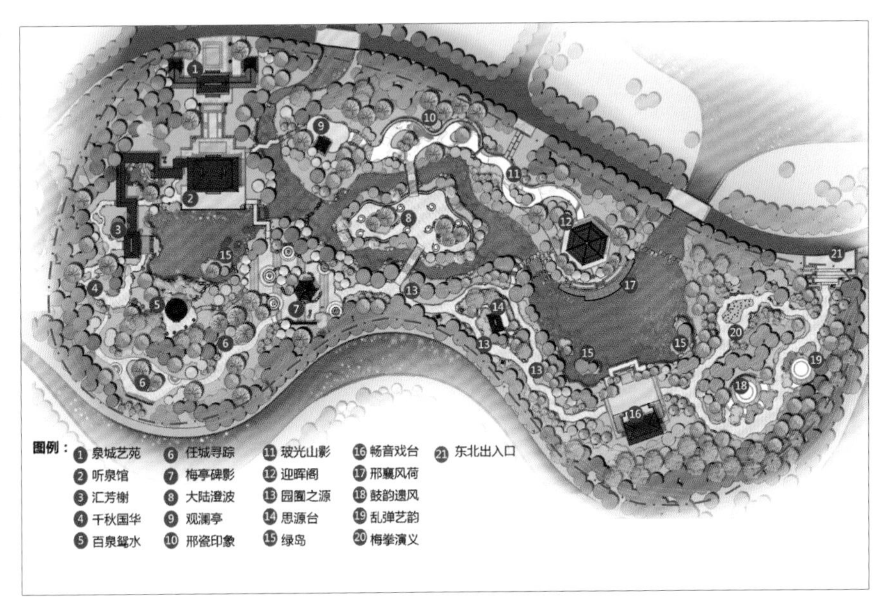

邢台园位于园区南大门东侧，面积达 30000m^2，是一个完全独立的园区，也是所有的城市展园中最大的一个。设计撷取邢州大地上古往今来的文化精华、风土景致，围绕“遥仰邢台记忆，共创邢台未来”，凝练出“醉美泉城传古韵，魅力邢台绽新晖”的设计主题，意在通过传统园林的造园手法塑造新时代邢台“上承千年历史，下启锐意创新”的城市形象。

位于邢台园主入口区的听泉馆，更是展现了邢台独特的泉文化。在听泉馆后面，就是邢台园最大的水域景观，它复制还原了明代顺德府十二景之一“水涌百穴，甘露争溢”的百泉鸳水。除了建筑景色别具邢台特色外，在邢台园内，梅花亭、抄手游廊等景观还将展出郭守敬以及《梅花赋》等人文历史。

园区景观分为 7 个分区，即主入口展示区、邢台印迹区、邢台历史名人区、邢台山水文化区、邢台园林文化区、邢台“非遗”展示区、邢台新晖区。在景观布局上“凡诸亭槛台榭，皆因水为面势”，通过一门（泉城艺苑）、一馆（听泉馆）、一廊（千秋廊）、一榭（汇芳榭）、一阁（迎晖阁）、四亭（百泉鸢水、观澜亭、梅花亭、思源亭）、一戏台（畅音台）等园林建筑及景石小品，汇集邢台园林精粹，并串联起错落多变的景观空间，给人以步移景异、酣畅淋漓的观景体验。

主创人员：邵丹锦

邢瓷印象

创意展园

INNOVATION GARDENS

开满鲜花的院子
COURTYARD FULL OF FLOWERS

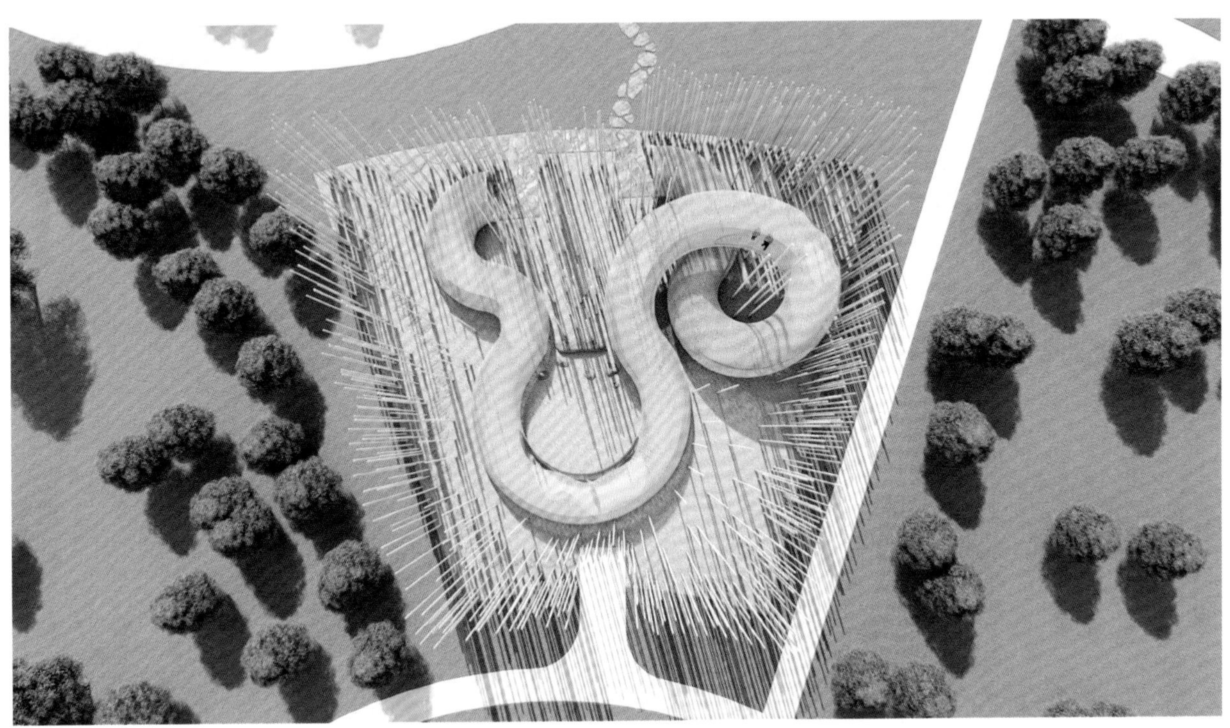

竹与泉

有一天，我走进了竹林。那里是清幽的世界，叮咚的泉水，唤醒了我身上的每一个快乐细胞。

在“竹与泉”，将身心置于竹的世界，将耳朵交给自然的声音。

绕过一片“竹林”，才能进入“光影的隧道”，当泉声越来越近，你就来到了林中的空间，不见泉眼，只有“叮咚”之声。越单纯的声音，越能感知自然存在。

而在竹筒中，不同高度的水滴形成了不同音阶的水声，如同最动听的音乐。

寻味生活

如果说，吃饭也是一门生活艺术，那么景观则是与这门艺术离得最近的美学。让“景”与“味”的结合，带来“视觉”与“味觉”的双重享受。

透过玻璃，让生活沐浴阳光，与星空亲近接触，和风雨自然对话，让生活充满诗意。穿过花香，寻味生活，让生活与自然相融合，让诗意的浪漫融入院落，让人性回归本真。

餐桌与园林景观的结合，实现生活美学与自然美学的结合。让人们身心贴近自然，将自然之美融入餐桌，让园林景观遇见美食，给生活一个专属的美学仪式感。

餐桌花园，“景”与“味”的结合，一种别致的生活体验。

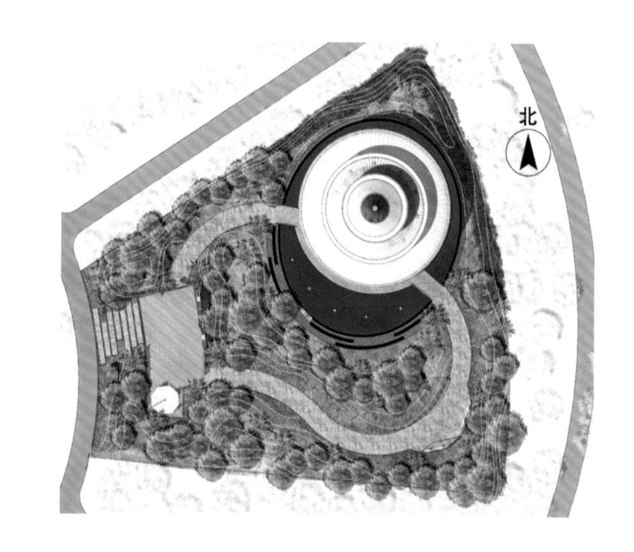

1. “智慧树”浮雕铺装
2. 入口红砖景墙
3. 山形景墙
4. 竹影回廊
5. 书境石雕
6. “书”字创意雕塑
7. 镜面水池
8. 山、石、松、境
9. 孤植松
10. “劝学”特色景墙
11. “祥云”浮雕铺装
12. “晴庐”书馆
13. 水帘
14. 书馆内庭
15. 阅览空间
16. 竹、石笋意境林
17. 书馆次出入口
18. 特色小景
19. 不锈钢景墙

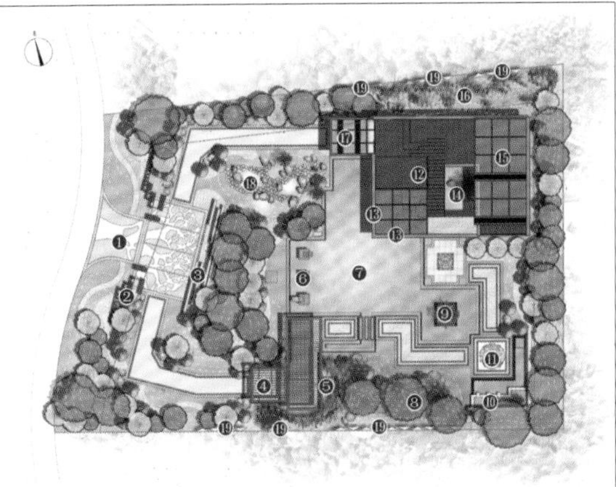

阅读空间

书文化既是一种物质文化，又是一种精神文化 。

以宁静而优雅的阅读空间为设计愿景，水墨丹青，焚香品茗，绕梁琴曲，天人合一。

几块中国的花窗，几幅简练的山林写意，数帧流动的花光水影，岁月章回中显诗情画意，书境阅读中体会城市山林。

以松、竹、黄蜡石为点景元素，松之韵，意之深。“竹”尽显婆娑疏落的画意，抒发着文人雅士的高洁雅趣。“黄蜡石”是中国四大园林名石之一，形状圆润，纯朴自然。

铺装蕴涵深意，朴拙、素简、苍古，体现宁静雅致的空间意境。砖瓦、鹅卵石、砾石等组合排列自成方圆。给人既古朴清新，又巧夺天工之感，将中式感的书香韵味展现得淋漓尽致。

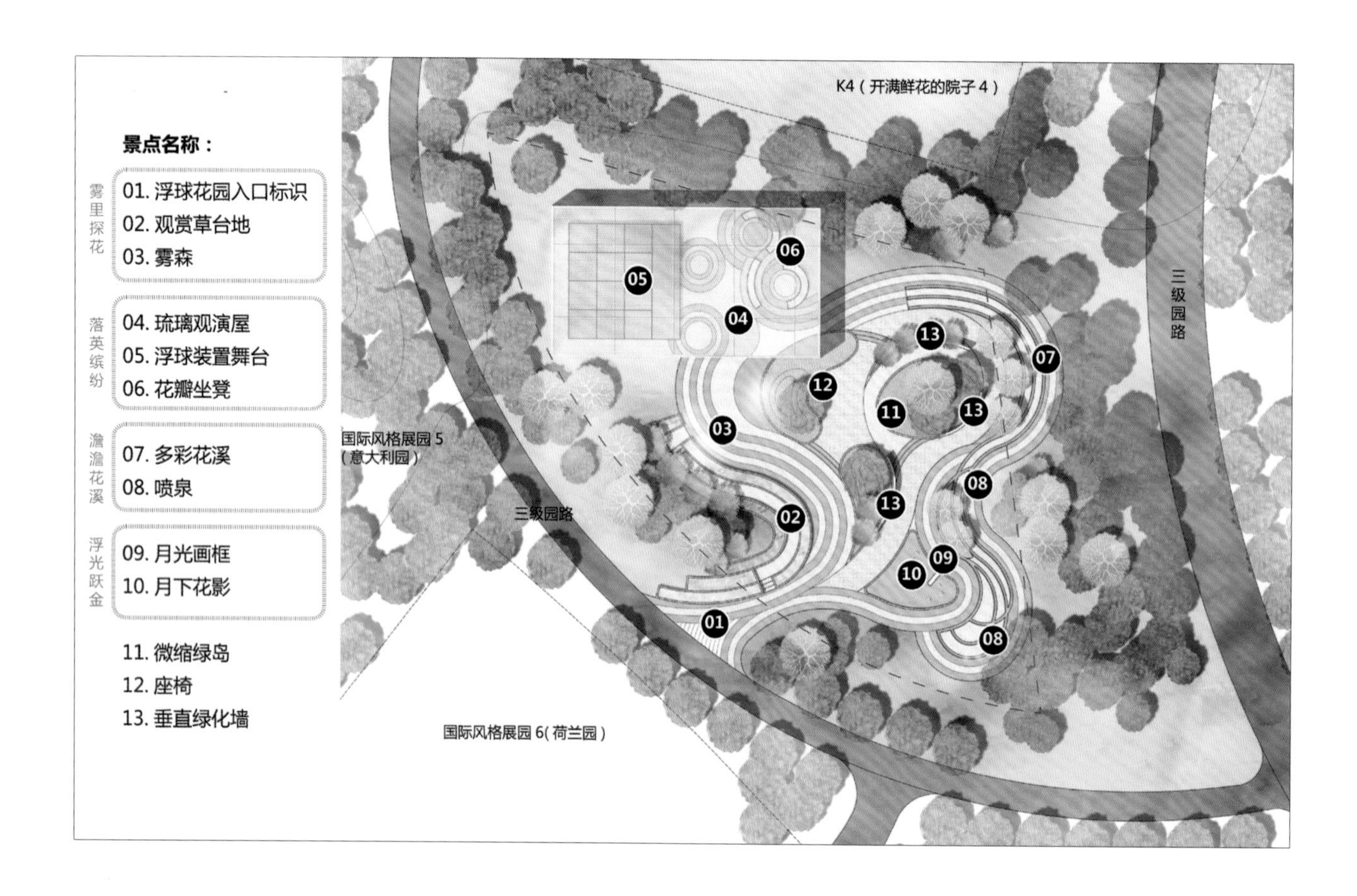

浮球花园

场地以北为“花艺创意”主题的公共活动空间，西南紧邻国际风格展园（意大利园）及（荷兰园），以东为花园大道，远眺主展馆——太行生态文明馆。场地外部交通便捷，可快速到达二级园路、公共活动空间以及本区域内的配套餐饮建筑。

生态——水陆交融，蓝绿相织，以灵动的景观结合观花植物、芳香植物及水生植物等，营造健康、美好、和谐的园林环境，让院子真正“开满鲜花”。

科技——设计方案以浮球矩阵为载体，通过数控技术，结合灯光音响和媒体的配合，展示科技、艺术与园林的完美融合。

休闲——联动周边景观节点，实现场地功能复合，为人群打造多元、活力的休闲游憩场所。

贝林企业展园

以花海为背景，艺术空间为载体，展示海外贝林企业设计理念。

连廊的平面看似像一朵“花”，由中间核心区域向四周发散不同尺度的独立包间，由开放到独立。开放区域作为核心，串联起主入口流线以及通向二层的中央温室，同时也作为连廊的主要展示空间。发散状的包间形态促进了连廊和景观的融合。

连廊以艺术空间为载体，将9种艺术作为独立展示空间，其中雕塑艺术作为景观元素，戏剧、电影艺术结合布局融为一个空间，而连廊本体就是建筑艺术。在有大型活动时，部分空间又能打开和主厅连接，形成更大的场所。

考虑到连廊作为展示性空间的功能定位，材料设计以简洁明快为原则，以浅灰白色为主色调选用材料，意在建筑一个现代、简约、纯粹的艺术展示空间。

山田久乡企业展园

南面湿地滩涂和河北省城市展园，北靠花海，东邻文化馆，位于重要的交通节点位置，具有突出的展示功能和衔接功能。

设计主题为“琴语花园”，音乐韵律交织花园的自然韵律。设计策略为“形”——流畅富有韵律的流线，黑白光影交织的质感，结合“意”——音乐会般的氛围，或平静轻松愉悦，或激情热烈欢畅，体现简洁、雅趣和园味。

茶博馆

西双版纳州勐海县的老班章、新班章两个村寨所产的的茶叶，滋味厚重、浓烈、霸道，初饮如伟岸的汉子，风骨刚健，气势雄浑，回味则有刚中有柔、强中有媚的风情。有茶人称赞老班章茶是普洱茶的王中之王。

建筑提炼傣族文化加以中国五千年传统建筑屋顶形式，融合现代造型手法到达韵味厚重、浓烈的个性色彩，霸道的表现形式。

考虑到建筑作为具有经营性空间的功能定位，以厚重为原则，以浅灰白色为主色调选用材料，意在建筑一个自然、古朴、深邃的展示空间。采用灰色瓦片作为屋顶，四周整体使用原木与原石围合，局部设计为漏窗与玻璃，使其不失生动活跃之感。

国际风格展园
INTERNATIONAL STYLE GARDEN

法国园

设计定位为怀古典主义之大美，融广袤典雅于一园。

提取法国古典主义园林轴线透视的空间格局，综合运用平面布局式的元素，通过精美的花坛、植物、水景、雕塑等园林手法，将优美绮丽的异国风情生动展示在游客眼前，并满足展园游客休憩停留、摄影娱乐等公共需求。建造一座集广袤壮丽与精巧典雅为一体的法国古典梦幻园林，一座融园林展览与游乐互动为一体的现代展园。

空间分区为花圃区、刺绣花坛区、丛林区，打造法国园从展园活动区到背景林的透视格局和轴线方向。园中运用平面布局的基本形式，具体从点（喷泉、水池、雕像、园林小品等标志物）、线（轴线）、面（刺绣花坛、花圃等）、体（构架、植物等）4 点展开。突出景观的几何性与节奏感，体现由远及近的透视，展示华美图案的平面花园，勾勒整体空间秩序。

英国园

设计定位为面向亲子家庭的场景化主题休憩花园。

设计目标是在整个园博园里，为疲惫的游客提供一个适合午后休息的舒适花园。在这个花园里，除了观赏令人耳目一新的英式园艺和英式艺术，更重要的是提供足够的休憩和活动空间，让游客来享受一下英式户外下午茶和英式草坪运动，这些最纯正而美好的英式生活片段。

本展园设计采用了英国最具代表性的传统花园形式，穿过铁艺大门，步入一条花境大道通向玫瑰花园和水景组成中心，仿佛开启了通向英伦风情的神秘隧道。背景的色叶树林和现代伦敦的剪影，突出了英国自然、历史和时尚并存的文化特质。

以苏格兰格纹为底色的主景区，塑造了廊架、槌球场、草坪花境和温室 4 大活动空间，充分考虑到老人和儿童的需求，能够满足 5 ~ 6 个家庭 15 ~ 30min 的休憩和玩耍，为游客提供真正的英式户外生活享受。

美国园

地貌与地质景观是景观的根本。美国园的设计方案作为对景观本质的一次解读：从文脉上，立足于美国景观文化的发源根基，展示地质景观质朴恢宏的原始姿态；从活动上，强调人与景观的深层互动，从视觉到行为形成层层递进的沉浸式体验。从而使人在场地中达成人与自然和谐关系的回归。

本展园设计从美国具有代表性的原始自然的地质地貌中提炼设计语言，以场地为载体，同时将不同类型的亲水活动与景观设施落位于场地设计，并立足于美国景观文化的发源根基，展示地质景观质朴恢宏的原始姿态及丰富多彩的印第安文化，将展园塑造成具有风貌体验、文化感知及活力游赏功能的有机整体。

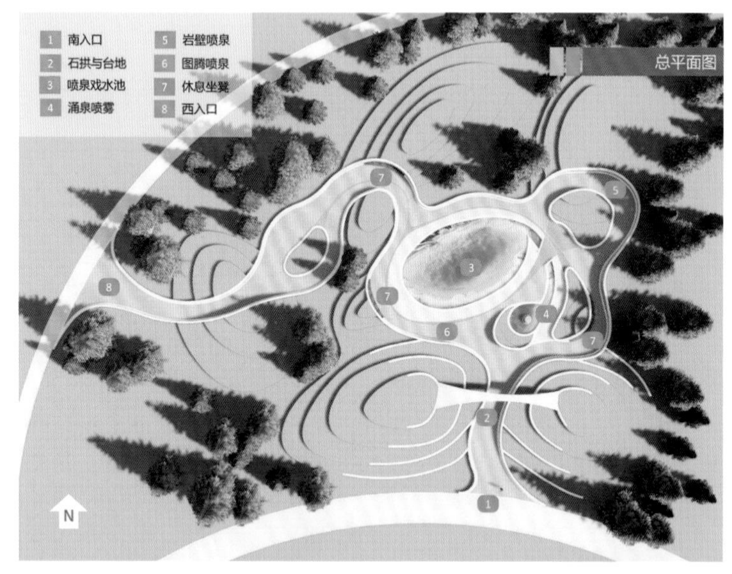

意大利园

台地园为欧式园林重要分类，最早出现在意大利，为现存古园林四大体系之一。意大利园林以山体为中轴，自上而下形成层层台地，在台地上配置花坛、水池、喷泉、雕像，达到平衡、秩序和协调的统一。

本展园设计以兰特庄园为灵感来源，以台地、轴线和水景为 3 大要素，布局呈中轴对称，结合现状将高差体现到极致，形成 3 个层次分明的台地：入口以拱券景墙和绿篱的围合下沉花园、圆形喷泉广场和规整的刺绣花园、观景台(至高点)。各级台地变化生动，创造了亲切宜人的活动空间，由观景平台回望则全景尽收眼底，层层递进的空间创造丰富体验，又通过恰到好处的比例掌控形成了一个和谐的整体。

整体主要以绿篱围合空间，融入拱券、雕塑、花坛、喷泉、跌水等风格鲜明的意大利台地园元素，从细节体现异国文化。

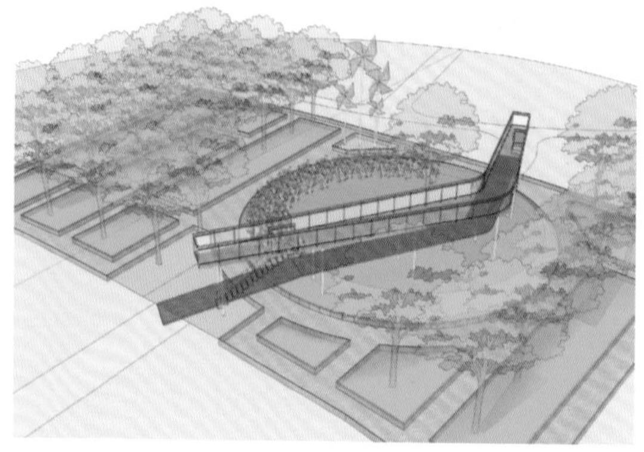

荷兰园

Polder 是荷兰独特的大地景观，是排水开垦的土地，荷兰几乎所有的国土都由 polder 构成，土地被分割成一个一个长方形的格子，这种样式也反映了 17 世纪人和生存环境和谐关系的理想模式，为后世的景观设计提供了设计灵感。而中国古代农民也发明了改造低洼地、向湖争田的造田方法圩田。河北与荷兰相聚 9000 多 km，在与水共生的问题面前，东西方的智慧不约而同。

本展园在 polder 中提取其长岛状的空间形态，结合“扇形”的场地特质，并在其间融入荷兰风车、郁金香等地域特色元素，展现“荷兰”精神和“中国”文化的碰撞与交融。

设计中，弯田为扇，通过对场地的分割、弯曲、变形，展现圩田的形态基地。花之心、风之车注入荷兰的灵魂。展现人与自然和谐共生之桥，小中见大，丰富空间的立体感受。

日本园

设计定位为展示日式园林经典的造园艺术，营造一个在微缩自然中沉思冥想“修行”的庭园。

本展园设计从日本的“池泉庭、枯山水、茶庭”3大传统园林类型入手，精炼了日式园林造景元素，希望通过山石、水景和特色植物造景的方式将山水仙境、禅宗空境和禅茶意境的景象展示出来，吸引人们去用心感悟，在视觉上与其他景色融为一体，体现“和”的统一。

本展园是以“邀月庐”茶室为中心，由前庭、主庭和后庭 3 个庭园组成的回游式庭园。 前庭为以池泉为中心的庭园，主庭是枯山水，后庭则是以为砾石、山枫为中心的露地庭园。主入口区风景展示了内敛风情，营造一种宁静的空间氛围。池泉庭区表现日本人特有的自然观和审美观，以咫尺空间再现自然风景。枯山水区以岩石、耙制的砂砾以及苔藓为主要构成要素，凸显“枯、寂、侘”意境，营造一个用来冥想和沉思的环境。露地区设计为小型的岩石庭院，营造浓郁的空间感和宁静的空间氛围。

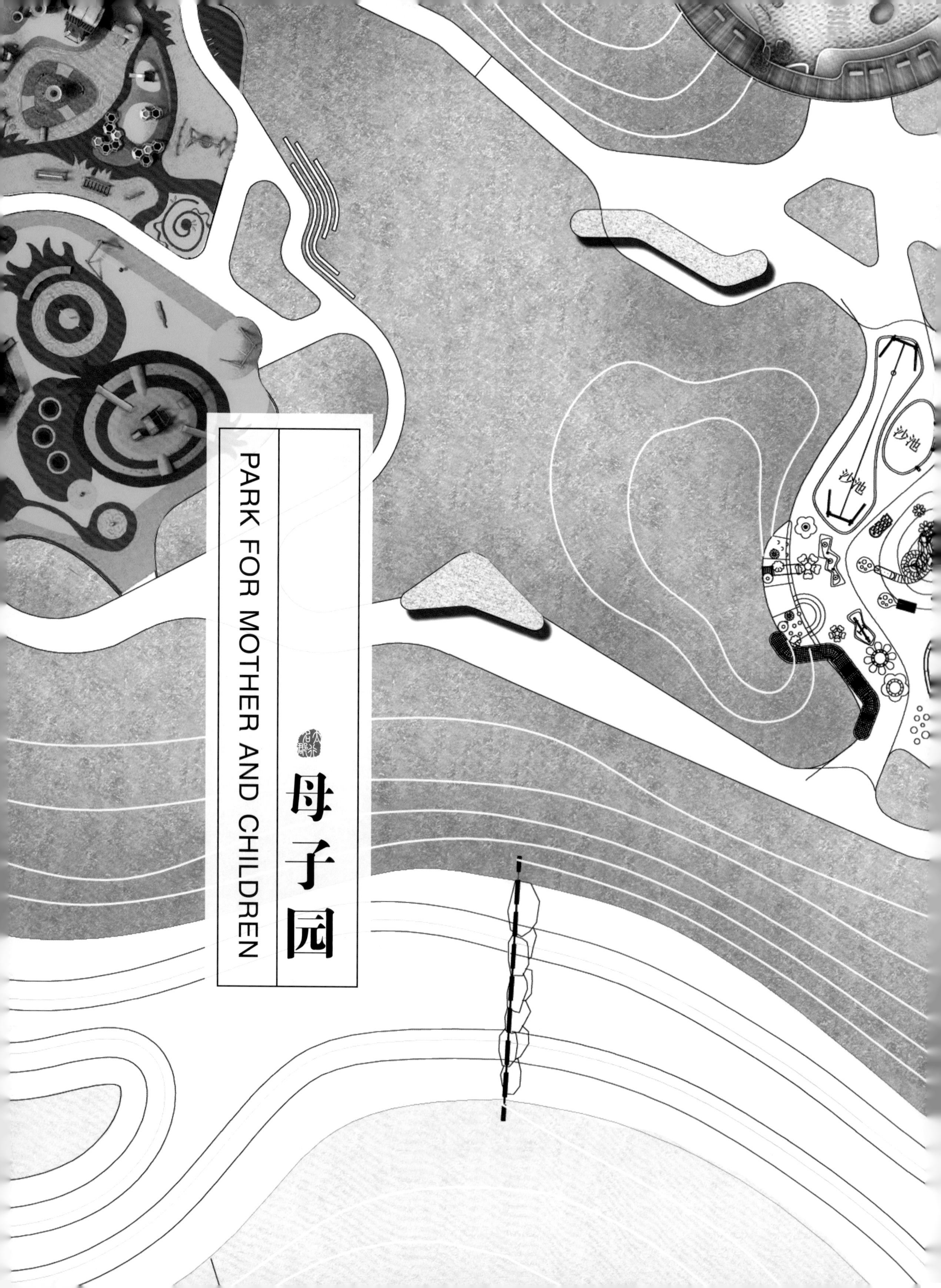
母子园
PARK FOR MOTHER AND CHILDREN
沙池
沙池

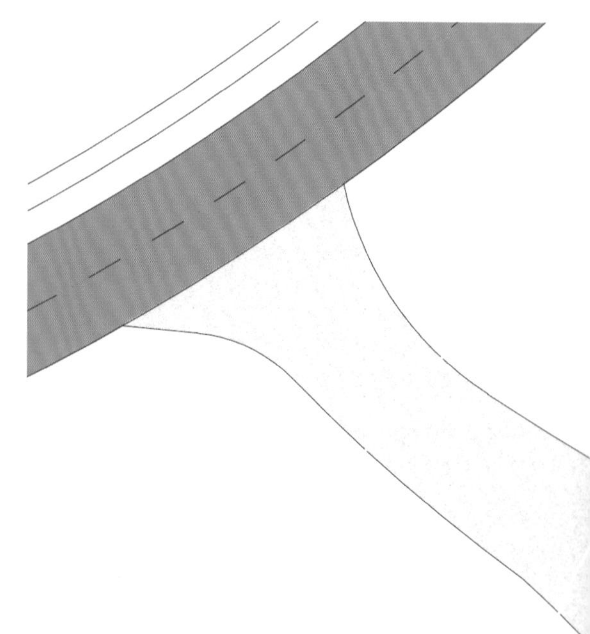

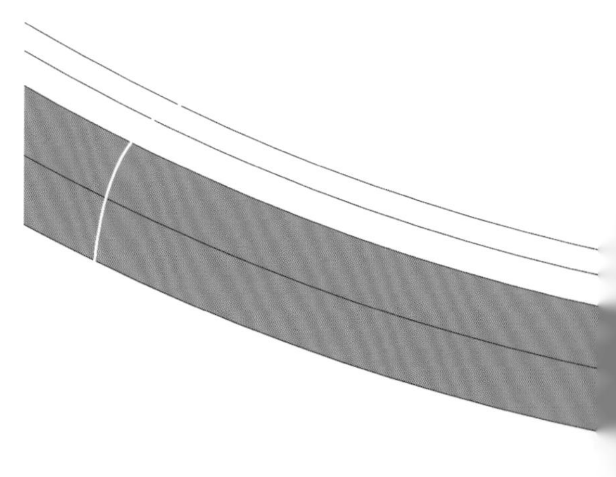

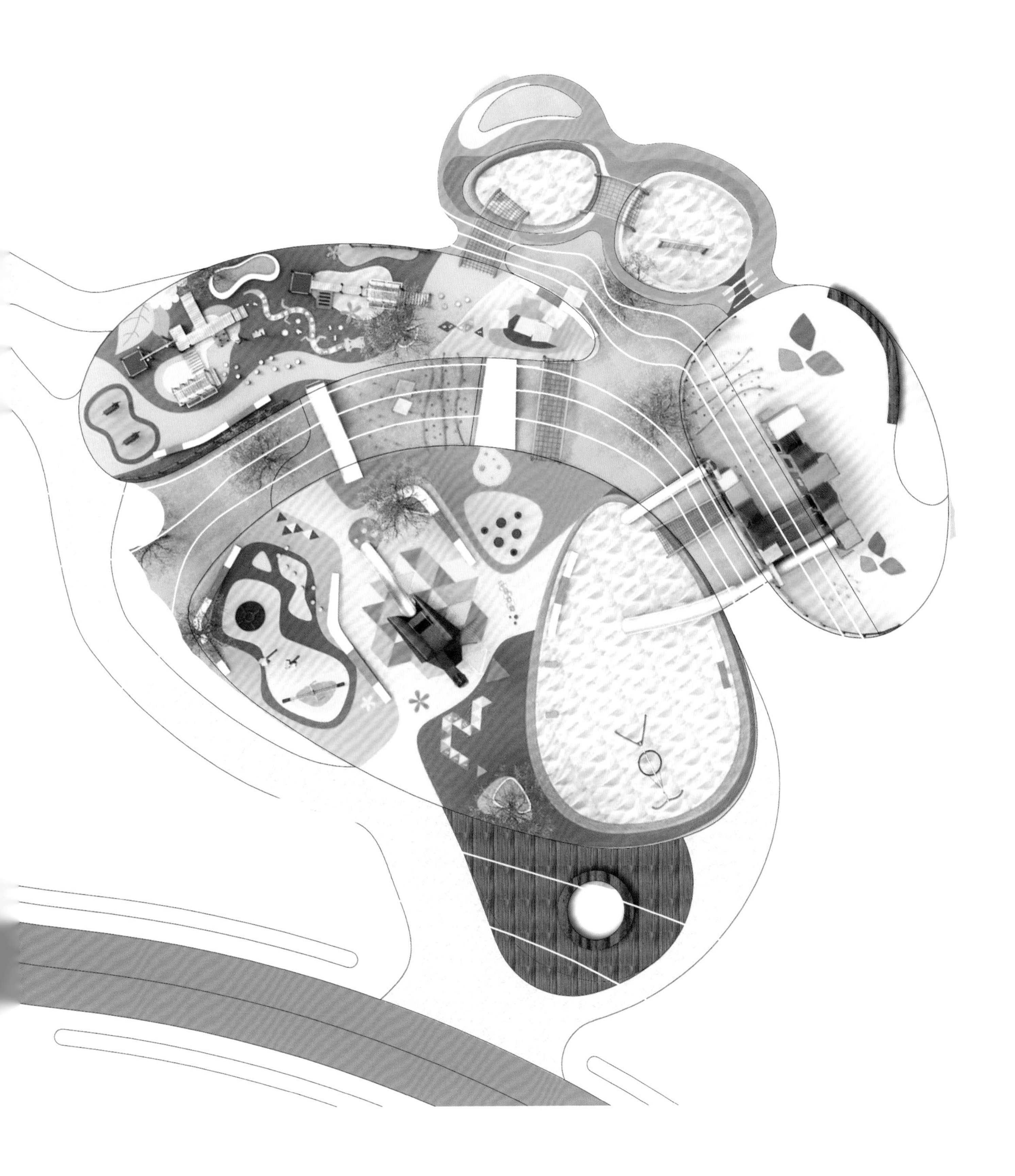

母子园分为童话世界儿童主题乐园、绿野仙踪儿童主题乐园、创意天地儿童乐园、全龄智能儿童乐园等。

童话世界儿童主题乐园核心主题面积约 5000m^2，是针对年龄层次更小的儿童打造的一处童话世界，用多维度的主题游乐培养儿童的认知能力，孩子是天生的学习者，他们将在立体的感官体验中收获成长的乐趣。

绿野仙踪儿童主题乐园核心主题面积约 10000m^2，以主题化、趣味化、生态化的设计表现手法，打造一处绿野仙踪儿童主题乐园。让每个在这里玩耍的人都能感受到自然的趣味，这里将成为儿童自由奔跑、嬉戏、撒野的活力场。

创意天地儿童乐园核心主题面积约 4098m^2，来自北欧的设计强调现代设计的设计美感，从设计本身的表达出发，集合创意形态、现代科技、自然教育与人性化，形成极具特色的创意乐园。

全龄智能儿童乐园核心主题面积约 7000m^2，以专业化、多元化的运动为核心，打造一处全龄智能运动乐园。通过大量的运动体验、探索以及多一点的重复，把外在的运动刺激内化为自己的感知。通过身体力行的互动式参与，形成寓教于乐的运动模式。